Aus dem chemischen Laboratorium der Königlichen Bergakademie Berlin.

Über das Verhalten von Guß- und Schmiederohren

in

Wasser, Salzlösungen und Säuren.

Von

DR. O. KRÖHNKE

Mit 60 in den Text gedruckten Abbildungen
und graphischen Darstellungen

München und Berlin
Druck und Verlag von R. Oldenbourg
1911

Inhalts-Übersicht.

Einleitung.

In der Röhrenindustrie besteht seit mehreren Jahren zwischen G u ß e i s e n und S c h m i e d e e i s e n ein wirtschaftlicher Wettbewerb, bei welchem die Rostfrage als Kampfmittel wiederholt und nachdrücklich herangezogen wird.

Der vielfach einseitige Standpunkt, mit welchem hierbei durch den Hinweis auf einzelne Zerstörungserscheinungen von Rohrleitungen vorgegangen wird, hat die sowohl in technischer wie auch in wissenschaftlicher Hinsicht bedeutsame Frage nach dem Grade der Rostwiderstandsfähigkeit der verschiedenen Rohrsorten nicht gefördert und in den Kreisen vieler Verbraucher manche Voreingenommenheit gegen das eine oder das andere Rohr hinterlassen, welche nicht gerechtfertigt erscheint und meist auch jeder tatsächlichen Grundlage entbehrt.

In einer ganzen Reihe von Veröffentlichungen, welche sich freilich zum größten Teil als Propaganda- oder als einseitig beeinflußte Schriften kennzeichnen, werden bis in die neueste Zeit hinein aus Einzelfällen gut erhaltener oder zerstörter Rohre verallgemeinernde Schlußfolgerungen über die Brauchbarkeit der betreffenden Rohrsorte und besonders über den Grad ihrer Widerstandsfähigkeit gegen den Rostangriff gezogen.

Über diese gekennzeichneten Schriften hinaus ist das Gebiet der Zerstörungen eiserner Rohrleitungen und insbesondere die Frage, wieweit unter gleichen Verhältnissen sich Guß- oder Schmiederohr widerstandsfähiger gegen die Einwirkungen von Bestandteilen der Luft, des Wassers und des Erdbodens erweisen, zusammenhängend noch nicht behandelt worden. Wohl finden sich zerstreut in der Literatur der verschiedenen Länder eine Anzahl ausgezeichneter Arbeiten über das Rostproblem als solches und über das Verhalten von Guß- und

Schmiedeeisen gegenüber der Einwirkung von Wasser und wässerigen Lösungen[1]); bei den meisten Versuchen aber ist, soweit aus den Arbeiten ersichtlich, ein Material verwendet worden, dessen Verhalten schon deshalb nicht ohne weiteres auf das neuzeitige Rohrmaterial übertragen werden darf, weil die Rohre in der Praxis fast ausschließlich mit ihrer natürlichen Oberflächenschicht versehen zur Verwendung gelangen[2]), während die genannten Versuche über das Rostproblem meist mit blank gedrehten und polierten Eisenstücken ausgeführt worden sind. Daß aber sowohl die Gußhaut bei den Gußröhren wie auch die Walzhaut bei den Schweiß- und Flußeisenröhren für das Wesen des Zerstörungsvorganges von Einfluß sein können, habe ich bereits an anderer Stelle nachgewiesen[3]).

Die vorliegende Abhandlung bildet einen weiteren Teil einer zusammenfassenden, im Sommer 1908 begonnenen Arbeit über die R o h r - f r a g e[4]), welche auf eigene Veranlassung, mit teilweiser Unterstützung

[1]) Z. B.: D i e g e l , Verhandlungen zur Beförderung des Gewerbefleißes 1899, 321 und 1903, 93. — H e y n , Mitteilungen aus den Kgl. techn. Versuchsanstalten. Berlin 1900. — D u n s t a n , Engineering 1900, 724; Journ. of the Chem. Soc. 1903, 150 und 1905, 1584. — R u d e l o f f , Mitteilungen aus den Kgl. techn. Versuchsanstalten 1902. — W h i t n e y , Journ. of the Amercian Chem. Society 1903, 394. — H a b e r , Zeitschr. f. physikalische Chemie 1906, 513. Zeitschr. f. Elektrochemie 1906, 4, 49 und 12, 61. — C u s h m a n , American Soc. for Testing Materials 1907 und 1908. The Corrosion of Iron. Washington 1907. Journ. of the Iron and Steel Institute 1909, 33. — S c h l e i c h e r und S c h u l t z , Stahl und Eisen 1908, 2, 50 (vergl. auch das Gutachten, welches Herr Prof. Dr. G. Schultz dem Magistrat der Haupt- und Residenzstadt München 1904 erstattet hat). — H e y n und B a u e r , Mitteilungen aus dem Kgl. Materialprüfungsamt 1908 und 1910. — W a l k e r , Metallurgie 1909, 11. — K r a s s a , Das elektromotorische Verhalten des Eisens mit besonderer Berücksichtigung der alkalischen Lösungen, Dissertation, 1909. — S c h l e i c h e r , Unterschiede in der Rostneigung einiger Eisenmaterialien, Mettallurgie 1909, Heft 6 u. 7.

[2]) Die Rohre werden natürlich auch fast nie ohne Schutzmittel verlegt; da aber der übliche Teer-Asphaltanstrich der Guß- und Schmiederohre gegenüber corrodierenden Einflüssen nur einen begrenzten und durch die Art des Angriffs bedingten Schutz bietet (siehe K r ö h n k e , Über Schutzanstriche eiserner Röhren, Leipzig 1910, F. Leineweber), mußte in den nachfolgenden Versuchen das Verhalten ungeschützter Rohre geprüft werden.

[3]) Gesundheitsingenieur 1910, 22. vom 28. Mai.

[4]) Bisher sind zur Veröffentlichung gelangt: 1. Analytische Methoden zur vergleichenden und absoluten Messung des Rostfortschrittes. Metallröhrenindustrie 1910, 13. v. 10. April. 2. Über die verschiedene Art der Rostung von Guß- und Schmiederohren. Gesundheitsingenieur 1910, 22 v. 28. Mai. 3. Über Schutzanstriche eiserner Röhren I. u. II. Teil. Verlag F. Leineweber, Leipzig 1910. 4. Mikrographische Untersuchungen von Gußeisen im graphitischen Zustand. Metallurgie 1910 v. 8. November.

sämtlicher größerer deutscher g u ß e i s e r n e r und s c h m i e d e -
e i s e r n e r Rohrwerke[1]), durchgeführt wird; die hier wiedergegebenen
Versuchsreihen sollen einen Beitrag zur Lösung der Frage darstellen,
ob und welche Unterschiede im Verhalten von guß- und schmiedeeisernen Röhren bei Einwirkungen von Wasser, einigen Salzlösungen
und säurehaltigen Flüssigkeiten bestehen können. Diese Untersuchungen
können natürlich noch nicht die Frage der Zerstörung eiserner Rohrleitungen in ihrem ganzen Umfange erschöpfend behandeln und es
muß immer wieder davor gewarnt werden, aus einzelnen Versuchsergebnissen für alle Fälle der Praxis gültige Schlußfolgerungen zu ziehen.

Die Zerstörungen eiserner Rohrleitungen lassen sich im wesentlichen auf Einwirkungen eisenlösender Bestandteile der Luft, des Wassers und des Erdbodens zurückführen, wobei mechanische Beanspruchungen und physikalische Einflüsse das Zerstörungswerk zu för-
dern pflegen. Der Lösungsvorgang kann sich entweder allein oder unter
gleichzeitiger Mitwirkung von Reduktions- und Oxydationsprozessen
abspielen.

Im allgemeinen erscheint ja die Rostgefahr, soweit sie durch aus-
schließliche Einwirkung von Sauerstoff und Feuchtigkeit[2]) bedingt wird,
gegenüber den anderen gleichzeitig und stärker zerstörenden Einflüssen
der Praxis als das kleinere Übel, und die meisten Fälle vorzeitiger
Zerstörungen eiserner Rohrleitungen lassen sich auf allein oder gleichzeitig mit dem Rosten erfolgende Einwirkungen von Säuren, sauren
Salzen, von elektrischen und besonderen elektrolytischen Vorgängen
zurückführen. Da aber die das Rosten bedingenden Einflüsse fast
immer gegeben sind und daher auch auf eine Mitwirkung des Rostprozesses gerechnet werden muß, hat eine Untersuchung über die Ursachen der Zerstörung eiserner Rohre auch die charakteristischen Merk-
male des Rostvorganges zum Gegenstand eines Studiums zu machen.

Diese Notwendigkeit ergibt sich um so mehr, als auf Grund der
von H e y n und B a u e r[3]) ausgeführten Untersuchungen auch theo-
retisch der Nachweis erbracht worden ist, daß das Rosten technischer
Eisensorten ein durchaus individueller, der Lösung in Säuren nicht
analoger und vergleichbarer Vorgang ist. Es wäre daher irrtümlich,
die aus dem Verhalten eiserner Rohre gegen Säuren und saure Salze
gezogenen Schlüsse auf die Widerstandsfähigkeit der Rohre gegen

---

[1]) Ein Verzeichnis dieser Rohrwerke findet sich am Schlusse des Buches
als Anlage II.

[2]) Normale Druck- und Temperaturverhältnisse angenommen.

[3]) H e y n und B a u e r , Über den Angriff des Eisens durch Wasser und wässerige Lösungen. Mitteilungen aus dem Kgl. Materialprüfungsamt 1910, S. 62 ff.

Rosteinwirkungen ohne weiteres übertragen zu wollen, was wiederholt geschehen ist und noch geschieht.

Allerdings ist das Anfangsstadium des Rostvorganges in Wasser und das der Eisenlösung in Säuren identisch; denn beide Vorgänge beruhen auf der Abscheidung von Wasserstoff, welche erfolgt, sobald der osmotische Druck der Wasserstoffionen und der elektrostatische Zug des Metalles die elektrolytische Lösungstension des Wasserstoffs von Atmosphärendruck zu überwinden vermag, d. h. wenn die N e r n s t sche Gleichung[1]) erfüllt ist:

$$\sqrt[n_1]{\frac{C_1}{c_1}} > \frac{C_2}{c_2}$$

wobei C die Konzentration der Metallionen, c die der Wasserstoffionen, der Index 1 das Metall, der Index 2 den Wasserstoff und n^1 den chemischen Wert des Metalls bezeichnet.

Die in Lösung gehenden positiven Metallionen verdrängen unter dieser Voraussetzung den Wasserstoff, welcher dabei in den molekularen Zustand übergeht; die für das Zustandekommen der oben angeführten Gleichung erforderliche Bedingung, daß die Lösungstension des Eisens größer ist als der Spannungswert des Wasserstoffs, wird sowohl bei Rostvorgängen in Wasser wie auch bei Lösungsvorgängen in Säuren gleichmäßig erfüllt; für den Eintritt beider Prozesse sind also die gleichen Bedingungen gegeben.

Der weitere Verlauf der beiden Vorgänge ist jedoch sowohl in seiner Art und Weise selbst wie in seinen Wirkungen durchaus verschieden. Mit der während der Lösung wachsenden Konzentration der Eisenionen kommt der Vorgang des Umtausches des Eisens gegen Wasserstoff schließlich zu einem Stillstand, während bei Vorhandensein von Sauerstoff der Gleichgewichtszustand infolge Ausfällung des gelösten $Fe(OH)_2$ als Eisenoxydhydrat fortlaufend aufgehoben wird; die Geschwindigkeit der Oxydation und Fällung ist proportional der Konzentration der Flüssigkeit an Sauerstoff und proportional der Konzentration an $Fe(OH)_2$. Heyn[2]) hat für die während des Rostvorganges in der Zeit z entstandene Gewichtsverminderung den Wert:

$$C \cdot \frac{m^1 B}{1 + \frac{B}{A} c^1} \cdot c'_z$$

erhalten, wobei C das Gewicht eines Moleküls Eisen in Grammen, c^1 die

---

[1]) N e r n s t , Theoretische Chemie, 1910, S. 753.
[2]) Mitteilungen aus dem Materialprüfungsamt 1910, S. 66/67.

Sauerstoffkonzentration der Lösung, m^1 die zu dem Gleichgewichtszustand gehörende Konzentration der Eisenionen, A die Geschwindigkeitskonstante der Eisenlösung und B die Geschwindigkeitskonstante der Oxydation und Fällung der Eisenionen bedeutet. Hierbei ist allerdings die nach Beendigung des Versuches gelöste Menge Eisen nicht berücksichtigt, welche aber der ausgefällten Menge Eisen gegenüber verschwindend gering ist.

Ist aber, wie dieses bei dem Lösungsvorgang in Säuren stets der Fall ist, die gelöste Menge des Eisens gegenüber der gefällten Menge so groß, daß der Wert $\frac{B}{A}$ sich dem Werte C nähert, dann wird für den in der Zeit z entstandenen Gewichtsverlust an Eisen der Wert $C \cdot m^1 \cdot z$ erhalten.

Im Anschluß an diese Erwägungen ergibt sich daher die Notwendigkeit, die Widerstandsfähigkeit verschiedener Eisenrohre gegen die einzelnen zerstörenden Einwirkungen bei vergleichenden Prüfungen getrennt von einander zu prüfen; der Wert der Untersuchungen wird auch gerade durch die Möglichkeit, die besonderen Angriffsbedingungen und die einzelnen zerstörenden Einflüsse getrennt zu betrachten, und aus dem Verhalten der einzelnen Rohrsorten Schlüsse auf ihre Widerstandsfähigkeit im besonderen Falle zu ziehen, erhöht. Leidet doch die Erkennung und Beurteilung von Zerstörungsfällen eiserner Röhren in der Praxis vor allen Dingen darunter, daß gerade bei Rohrleitungen ein großer Komplex verschiedenartiger Zerstörungsursachen gleichzeitig zur Wirkung gelangt. Bei der häufigsten Verwendungsart eiserner Rohre, nämlich ihrer Verlegung im Erdboden, nehmen alle jene im Erdboden sich abspielenden komplizierten chemischen und physikalischen Vorgänge an der Zerstörungsarbeit teil, wie z. B. der Einfluß des Sauerstoffs bei Gegenwart von Wasser, der Einfluß von Säuren und Alkalien, der Einfluß von Schwefel enthaltenden Substanzen; dazu kommen Einwirkungen chemisch-physikalischen Ursprungs, elektrolytische Vorgänge infolge der Berührung mit anderen Metallen, vagabundierende Ströme in der Nähe elektrischer Kraftquellen u. a. Da ferner die Wasserstoffionenkonzentration sowohl von Temperatur-, Druck- und anderen äußeren Verhältnissen, als auch von dem Gehalt des Agens an fremden Bestandteilen abhängig ist, muß auch der Vorgang der Zerstörung eiserner Röhren sowohl durch den quantitativen Gehalt wie auch durch die Art der im Wasser gelösten Salze Modifikationen erfahren.

Erkennung und Beurteilung der Beziehungen zwischen dem Rostprozeß des Eisens und den in den verschiedenen Wässern gelösten

Salzen begegnen in der Praxis meist großen Schwierigkeiten. Im besonderen wird die Beurteilung des Einflusses gelöster Salze auf Eisenrohre noch dadurch erschwert, daß die wässerigen Lösungen der Praxis
eine große Anzahl verschiedenartiger Salze enthalten, welche sich in
ihrer Wirkung gegenseitig verstärken, ergänzen, entgegenarbeiten und
abschwächen können und daher einen Rückschluß auf die besondere
Wirkungsweise der einzelnen Salze nicht zulassen. Für eine systematische
Beurteilung der vorliegenden Frage ist jedoch zunächst die Kenntnis
von der besonderen Wirkungsart eines jeden Salzes erforderlich; nur
dann läßt sich ein Bild ihres kombinierten Einflusses gewinnen.

Im Sinne dieser Ausführungen gliedern sich die nachstehend beschriebenen Untersuchungen in Versuche zur Feststellung des Verhaltens einzelner Rohrsorten:

A. In Wasser (destilliertes, Leitungs- und Meerwasser).
B. In wässerigen Salzlösungen.
C. In Säuren[1]).

Versuchsmaterial.

Als Versuchsmaterial für die nachstehenden Untersuchungen dienten normale Eisenrohre, welche nicht durch den Zwischenhandel, sondern direkt von den verschiedenen Röhrenwerken bezogen wurden
und welche ich zum größten Teil persönlich bei meinen Besuchen in
den Werken ausgewählt habe.

Es wurden folgende Rohre zu den Untersuchungen verwendet:

I. Gußeiserne Rohre. Von den zwanzig zur Verfügung gestellten, teils aus dem Kupolofen, teils direkt aus dem Hochofen gegossenen Rohren wurden folgende fünf Proben für die Versuche
herangezogen:

1. Gußeisenrohr Nr. 117 (350 mm-Rohr) aus einem norddeut-
   schen Werk,
2. Gußeisenrohr Nr. 126 (350 mm-Rohr) aus einem oberschlesischen Werk,
3. Gußrohr Nr. 135 (350 mm-Rohr) aus einem mitteldeut-
   schen Werk,
4. Gußrohr Nr. 259 (100 mm-Rohr) aus einem Berliner Werk,
5. Gußeisenrohr Nr. 323 (100 mm-Rohr) aus einem rheinischen Werk,

[1]) Die Reihe der Versuche ist damit nicht abgeschlossen; die große Anzahl
der möglichen Versuchsdurchführungen wird durch Zeit und Mittel eine Beschränkung erfahren müssen.

II. Schweißeiserne Rohre.

    6. Rohr Nr. 258 (100 mm-Rohr) aus einem oberschlesischen Werk,

    7. Rohr Nr. 319 (100 mm-Rohr) aus einem rheinischen Werk.

III. Flußeiserne und flußstählerne Rohre.

    8. Rohr Nr. 23 (nahtloses 50 mm-Kesselrohr) aus einem rheinischen Werk,

    9. Rohr Nr. 30 (nahtloses Flußstahlrohr von 50 mm) aus einem rheinischen Werk,

   10. Rohr Nr. 80 (wassergasgeschweißtes 350 mm-Rohr) aus einem oberschlesischen Werk,

   11. Rohr Nr. 257 (geschweißtes 100 mm-Rohr) aus einem oberschlesischen Werk,

   12. Rohr Nr. 315 (nahtloses 100 mm-Rohr) aus einem rheinischen Werk,

   13. Rohr Nr. 317 (nahtloses 100 mm-Rohr) aus einem rheinischen Werk,

   14. Rohr Nr. 321 (nahtloses 100 mm-Flußstahlrohr) aus einem rheinischen Werk.

Das Rohrmaterial wurde vor Beginn der Versuche einer eingehenden analytischen und metallographischen Untersuchung unterzogen. Die Ergebnisse der chemischen Analyse sind in der nachstehenden Tabelle zusammengestellt; sie stellen die Durchschnittswerte aus je zwei Bestimmungen dar.

Chemische Zusammensetzung des Versuchsmaterials.

Rohrsorte		Gesamt-kohlen-stoff %/₀	Geb. C %/₀	Graphit %/₀	Cu %/₀	S %/₀	Mn %/₀	Si %/₀	P %/₀
1. Gußeisenrohr	Nr. 117	3,36	0,63	2,73	0,09	0,07	0,38	1,42	1,799
2. »	» 126	3,44	0,50	2,94	0,06	0,08	0,69	2,97	0,529
3. »	» 135	3,21	0,45	2,76	0,09	0,09	0,46	1,75	1,770
4. »	» 259	3,30	1,00	2,30	0,05	0,10	0,51	1,87	1,330
5. »	» 323	3,92	0,89	3,03	0,05	0,10	0,57	1,92	0,770
6. Schweißeisenrohr	» 258	0,07	0,07	—	0,05	0,02	0,23	0,08	0,095
7. »	» 319	0,04	0,04	—	0,03	0,01	0,13	0,06	0,333
8. Flußeisenrohr	» 23	0,12	0,12	—	0,21	0,05	0,45	0,02	0,031
9. »	» 30	0,31	0,31	—	0,07	0,03	0,58	0,20	0,071
10. »	» 80	0,12	0,12	—	0,14	0,05	0,36	—	0,057
11. »	» 257	0,04	0,04	—	0,06	0,08	0,35	0,02	0,024
12. »	» 315	0,10	0,10	—	0,13	0,03	0,64	0,20	0,092
13. »	» 317	0,35	0,35	—	0,14	0,03	0,69	0,29	0,056
14. »	» 321	0,12	0,12	—	0,04	0,04	0,62	0,02	0,015

Die mikrographische Prüfung des Versuchsmaterials hat folgendes ergeben:

1. Gußeisenrohr Nr. 117. Der ungeätzte Schliff aus einem Querschnitt des Rohres zeigte lange Graphitlamellen neben wenigen, trotz vorsichtigen Schleifens ausgesprungenen Stellen. Nach 4½ Minuten langem Ätzen in alkoholischer Salzsäure (1 : 100) wurde die Struktur des grauen Roheisens erhalten, deren Gefüge bei stärkerer Vergrößerung klar hervortrat: scharf ausgesprochener Zementit, lamellarer Perlit und Phosphid-Eutektikum.

Das Material besteht aus handelsüblichem phosphorreichem grauen Roheisen; es ist dicht gegossen und langsam und gleichmäßig abgekühlt. Risse, Blasen oder sonstige unganze Stellen wurden nicht gefunden.

2. Gußeisenrohr Nr. 126. Der ungeätzte Schliff zeigte sehr große, lange und dicke Graphitlamellen. Nach 4½ Minuten langem Ätzen in alkoholischer Salzsäure wurden erhalten: Graphitadern, wenig Zementit und dunklere, verschwommene Partien, welche sich bei stärkerer Vergrößerung als lamellarer Perlit auslöste.

Das Material ist dicht gegossen und langsam abgekühlt worden. Fehler im Material wurden nicht gefunden.

3. Gußeisenrohr Nr. 135. Die Struktur dieses Gußeisens ist annähernd die gleiche wie die bei Rohr Nr. 117 beschriebene. Der ungeätzte, geschliffene und polierte Schliff zeigte lange Graphitlamellen. Nach 4½ Minuten langem Ätzen in alkoholischer Salzsäure trat die charakteristische Struktur des gegossenen grauen Roheisens zutage: Graphitlamellen, weißer Zementit und tannenbaumartige, dunklere Inseln, letztere aus Perlit und Troostit bestehend; außerdem war scharf ausgeprägtes Eutektikum mit Phosphidkristallen zu sehen.

Das Material ist handelsübliches phosphorreiches graues Roheisen. Es ist frei von Rissen oder sonstigen unganzen Stellen und verhältnismäßig langsam abgekühlt.

4. Gußeisenrohr Nr. 259. Das Material war ziemlich spröde und ließ sich schwer polieren. Auf dem ungeätzten Schliff: feiner lamellarer Graphit; auf dem 4½ Minuten in alkoholischer Salzsäure 1 : 100 geätzten Schliff bei 100 facher Vergrößerung: die etwas verworrene Struktur des grauen Roheisens, nämlich heller Zementit und dunkle Inseln, dazwischen Graphit. Bei 600 facher Vergrößerung lösten sich die dunklen Inseln als Perlit auf, welcher aber zum größten Teil in Troostit übergegangen war.

Das Material besteht aus normalem Roheisen mit ziemlich hohem Phosphorgehalt. Das Rohr ist verhältnismäßig schnell abgekühlt. Risse, Blasen usw. wurden nicht gefunden.

5. Gußeisenrohr Nr. 323. Auf dem ungeätzten Schliff: gut ausgesprochene lange Graphitlamellen und wenige schwarze, ausgesprungene Stellen. Nach 4½ Minuten langem Ätzen des Schliffes in alkoholischer Salzsäure zeigte sich die Struktur des gewöhnlichen Roheisens mit verhältnismäßig niedrigem Phosphorgehalt. In der Randzone erschienen zahlreiche kleinere Phosphideutektika; die Mitte enthielt weniger davon. Die übrige Struktur war etwas verschwommen. Bei stärkerer Vergrößerung trat der Graphit breit lamellar und zum Teil kompakt auf; der lamellare Perlit löste sich allmählich auf und die Phosphideutektika traten mehr hervor.

6. Schweißeisenrohr Nr. 258 wies das charakteristische Gefüge des Schweißeisens auf: marmorierte Grundmasse und langgezogene dunkle Linien, welche von langgezogenen Schlackeneinschlüssen im Material herrühren. Bei 100 facher Vergrößerung waren in der hellen Grundmasse vereinzelte wenige Perlitinseln zu sehen. Das Material ist demnach arm an Kohlenstoff. Durch das Ätzen traten die langgezogenen Schlackenteile gut hervor und in ihnen sind die Silikatkriställchen deutlich wahrnehmbar. Fehler und unganze Stellen wurden nicht gefunden.

7. Schweißeisenrohr Nr. 319: Auch hier ergab die mikrographische Prüfung die Struktur des gewöhnlichen Schweißeisens: schichtenweis angeordnete, langgezogene Schlackenteile mit besonders schönen Silikatkristallen lagen im hellen Eisen. Seigerungserscheinungen (nach dem Ätzen mit Kupferammoniumchlorid 1 : 12) wurden nicht gefunden.

Das Material besteht demnach aus gewöhnlichem, sehr kohlenstoffarmem Schweißeisen; es enthält Schlackenteile mit besonders gut ausgebildeten Silikatkristallen. Risse, unganze Stellen oder Seigerungen wurden nicht beobachtet.

8. Flußeisenrohr Nr. 23. Das Material weist eine infolge des starken Walzens völlig verschwommene Struktur auf: verzogene Ferritinseln und äußerst kleine Perlitinseln.

Schlacken, Saigerungen und Risse wurden nicht gefunden. Eine Entkohlung der Ränder konnte nicht festgestellt werden.

9. Flußstahlrohr Nr. 30: Perlitinseln in ferritischer Grundmasse. Die Walz- und Zugrichtung war deutlich ausgeprägt, wie die nach einer Richtung hin gezogenen Ferritpolyeder und Perlitinseln zeigten. Die Ränder des Rohres waren weder innen noch außen entkohlt. Das Material stellt guten Flußstahl ohne Fehler dar.

10. Flußeisenrohr Nr. 80: Normales Gefüge des kohlenstoffarmen Flußeisens. Fehler wie Risse, Blasen oder Seigerungen wurden nicht gefunden.

11. F l u ß e i s e n r o h r N r. 257. Auch hier handelt es sich um kohlenstoffarmes Flußeisen: Ferritpolyeder, zwischen welchen nur selten Perlitinseln sich vorfinden.

12. F l u ß e i s e n r o h r N r. 315. Es handelt sich um ein gutes Flußeisen ohne Fehler; die Verteilung des Kohlenstoffes war gleichmäßig, die Zugrichtung deutlich wahrnehmbar.

13. F l u ß s t ä h l e r n e s R o h r N r. 317. Auch hier ergab die Beobachtung der geschliffenen und polierten Fläche, daß ein guter Flußstahl ohne Schlacken, Risse usw. vorliegt.

14. F l u ß e i s e n r o h r N r. 321. Der Kohlenstoff war im Querschnitt des Rohres ungleichmäßig verteilt. Die Zugrichtung ist deutlich zu erkennen.

Vorbereitung des Versuchsmaterials.

Für die meisten Versuche wurden, um der Versuchsbedingung einer gleichen Oberfläche zu genügen, Rohrstücke von gleichen Abmessungen genommen, und zwar wurden für den größten Teil der Untersuchungen die 100 mm-Rohre in einzelne Ringe geschnitten und diese dann in je vier gleiche Segmente geteilt. Die Segmente wurden vor ihrer Verwendung vorsichtig gereinigt, mit Alkohol und Äther getrocknet und die Schnittflächen sorgfältig paraffiniert. Bei verschieden dimensionierten Rohren sind die Ergebnisse, insoweit es sich um Feststellung vergleichbarer Werte handelte, auf eine einheitliche Oberfläche reduziert. Ein Teil der Versuchsstücke wurde von der Guß- bzw. Walzhaut durch Abdrehen einer ungefähr $\frac{1}{2}$ mm dicken Schicht befreit. Für gewisse Säureversuche wurden aus den Rohren kleine Würfel geschnitten, welche derartig bearbeitet wurden, daß die Summe der sechs Oberflächen bei den einzelnen Versuchsstücken gleich groß war.

Versuchsanordnungen.

Für die Anordnung und die allgemeinen Bedingungen der Versuche in Wasser und Salzlösungen wurden jene Verhältnisse berücksichtigt, welche beim Rosten eiserner Rohrleitungen in der Praxis gegeben sein können, nämlich Berührung mit Wasser im ruhenden und fließenden Zustand und kontinuierlicher Wechsel der beiden rosterzeugenden Medien, Luft und Wasser.

Die Rostversuche wurden im allgemeinen in runden Glaszylindern von 10 cm Höhe, 8,55 cm Durchmesser und einem Inhalt von 500 ccm vorgenommen. Die Probestücke wurden an ihrer Längsseite mit zwei Durchbohrungen versehen und mittels Seidenfäden an einer Holzleiste, welche quer über den Rand des Gefäßes gelegt wurde, aufgehängt. Die Anordnung ist in Fig. 1 abgebildet. Eine Berührung der Versuchsstücke mit der Glaswandung wurde sorgfältig verhindert, weil nach den Untersuchungen von Newton F r i e n d[1]) Berührungspunkte des Eisens mit Glas Anlaß zu lokalen Rosterscheinungen geben können; dies machte sich bei den vorliegenden Untersuchungen besonders in einem Falle bemerkbar, bei welchem infolge Reißens des Aufhängefadens das Eisenstück auf den Boden des Glaszylinders fiel und dort einige Zeit liegen blieb.

Im übrigen wurden die für die Anordnung von Rostversuchen von H e y n & B a u e r[2]) in ihren Arbeiten über den Angriff des Eisens durch Wasser und wässerige Lösungen erörterten Gesichtspunkte eingehend berücksichtigt.

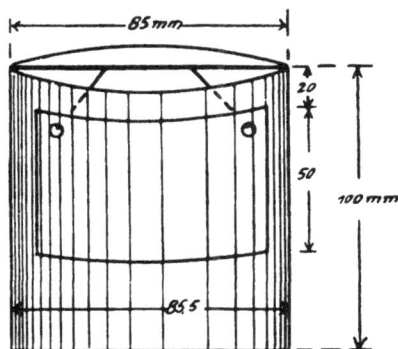

Fig. 1.

Da die Rostgeschwindigkeit von der Entfernung zwischen den Stellen in der Flüssigkeit mit der Höchstkonzentration von Sauerstoff und der an dem Eisen herrschenden Konzentration abhängig ist, wurde genau darauf geachtet, daß einerseits der Flüssigkeitsspiegel, d. h. im vorliegenden Falle die Stelle der Höchstkonzentration von Sauerstoff in den einzelnen Gefäßen gleich hoch gehalten wurde, und daß anderseits die sämtlichen Versuchsstücke in gleicher Entfernung von dem Flüssigkeitsspiegel aufgehängt wurden.

Da sich ferner aus der Abhängigkeit der Rostgeschwindigkeit von der Änderung der in der Umgebung des Eisens herrschenden Sauerstoffkonzentration die Erfahrung ergeben hat, daß die Änderung des Sauerstoffdruckes in der mit der Flüssigkeit in Verbindung stehenden Atmosphäre auch eine Änderung des Rostangriffes herbeiführt, wurden bei den vorliegenden Untersuchungen die Versuchsgefäße auf einen möglichst beschränkten Raum nahe beieinander untergebracht. Es erschien immerhin möglich, daß die größere oder geringere Rostneigung der einzelnen Rohrsorten Veranlassung zu partieller Verteilung des Sauerstoffs in der über den Gefäßen befindlichen Atmosphäre geben konnte, eine etwaige Fehlerquelle, welche durch die obengenannte Vorsichtsmaßregel auf ein Minimum beschränkt wurde.

---

[1]) Journal of the iron and steel institute, 1908. (The rusting of iron.)
[2]) Mitteilungen aus dem Kgl. Materialprüfungsamt zu Großlichterfelde 1908.

Methoden zur Bestimmung des Rostfortschrittes.

Als Maß der Zerstörung galt für die vorliegenden Versuche die
durch das Rosten entstandene Gewichtsverminderung der Versuchsstücke. Leider hat die besonders von S c h l e i c h e r[1]) mit Erfolg
angewendete Methode der Bestimmung der Rostneigung durch Messung des elektrischen Potentials für die untersuchten technischen Rohrsorten mit ihrer sehr unregelmäßig gestalteten Oberfläche nicht den
Wert bewiesen, welcher ihr bei Untersuchungen von Eisenproben mit
gleichmäßiger Oberfläche zugeschrieben wird, wo die erforderliche
Konstanz der Werte eher zu erreichen ist. Es mußte daher im vorliegenden Falle auf dieses Hilfsmittel der Meßmethoden meistens ver-
zichtet werden; indessen sind die Ergebnisse der Potentialmessungen
noch nicht abgeschlossen und müssen daher einer späteren Veröffentlichung vorbehalten bleiben.

Die durch gewichtsanalytische Messungen ausgeführte Bestimmung
der Widerstandsfähigkeit einzelner Rohrarten gegen den Rostangriff
gewinnt eine natürliche Berechtigung schon deshalb, weil die Gefahr
der Zerstörung der Rohre durch Rosten im direkten Verhältnis zu der
größeren oder geringeren Gewichtsabnahme steht, welche sich bei der
Umwandlung einer bestimmten Menge des Eisenmaterials in den jeder
Festigkeit entbehrenden Eisenrost ergibt. In jedem Falle sind allerdings, wie auch S c h l e i c h e r richtig bemerkt, jene Maßnahmen
durchaus zu verwerfen, welche eine natürliche Verstärkung des Rostprozesses herbeizuführen bestimmt sind. Anderseits müssen die angewendeten Methoden analytisch in jeder Beziehung einwandsfrei bleiben.

Für die vorliegenden Untersuchungen konnte jene Methode der
Rostbestimmung, welche darin besteht, daß die Versuchsstücke vor
Beginn des Versuches gewogen werden, das gebildete Eisenoxyd mecha-
nisch entfernt wird, und dann eine nochmalige Wägung der Versuchs-
stücke stattfindet, wobei der erhaltene Gewichtsverlust ein direktes Maß
für die Verrostung gibt, nur für Zwischenmessungen in Frage kommen.
Diese Methode wird insbesondere für die Gewichtsbestimmung der in
Rost übergegangenen Eisenmenge aus blankpolierten, in Wasser der
Verrostung ausgesetzten Versuchsstücken angewendet. Der Rost,
welcher sich unter diesen Verhältnissen bildet, besitzt eine lockere
Beschaffenheit und haftet nur lose an der blanken Eisenfläche, so daß
seine vollkommene quantitative Entfernung nicht schwierig ist. Die
Befürchtung, daß bei der mechanischen Entfernung Eisenpartikel mit-

---

[1]) S c h l e i c h e r, Unterschiede in der Rostneigung verschiedener Eisenmaterialien. Metallurgie 1909, Heft 6 u. 7.

gerissen werden können, ist dabei gegenstandslos, und die Methode hat, wie insbesondere die Untersuchungen von H e y n & B a u e r[1]) ergeben haben, verläßliche Werte geliefert.

Wenn es sich jedoch wie hier um die Untersuchung von Eisenrohren mit ihrer natürlichen unregelmäßigen Oberfläche handelt, welche außerdem bei verschiedenen Versuchen der abwechselnden Einwirkung von Wasser und Luft ausgesetzt werden mußten, bot die Methode keine genügend zuverlässige Messungsmöglichkeit. Der Rost trat, abgesehen davon, daß er sich bei abwechselnder Einwirkung von Wasser und Luft nicht in voluminöser, lockerer Form, sondern in dichten, fest am Eisen haftenden, mechanisch schwer zu entfernenden Partikeln ausbildete, bei der rauhen Oberflächenbeschaffenheit der technischen Rohre in die Unebenheiten des Materials ein und konnte daraus für die quantitativen Messungen nur beseitigt werden, wenn das mit Hilfsmitteln geschah, durch welche eine Verletzung des Versuchsstückes und eine Entfernung von Eisenpartikeln unvermeidlich war.

Diese Verhältnisse sind vom Verfasser in einer besonderen Abhandlung[2]) bereits einer Kritik unterzogen worden. Dort findet sich auch eine Beschreibung der verschiedenen Rostbestimmungsmethoden. Im allgemeinen kam bei den nachstehend beschriebenen Rostversuchen folgendes Verfahren zur Anwendung.

Der gebildete Rost wurde nach Beendigung des Versuches mittels einer weichen Bürste bzw. eines Pinsels nach Möglichkeit entfernt, das Versuchsstück mit Wasser abgespült und mit Alkohol und Äther getrocknet. Um das dem Versuchsstück anhaftende, in dem Rost gebundene (hydratische) Wasser zu entfernen, wurde zirka eine Stunde im Stickstoffstrom geglüht, dann im Gasstrome erkalten gelassen und gewogen. Hierauf wurde in bekannter Weise im Wasserstoffstrom reduziert und aus der gefundenen Wassermenge diejenige Sauerstoffmenge bestimmt, welche der dem Eisenstück anhaftenden Rostmenge entsprach. Die dem so ermittelten Wert an Sauerstoff entsprechende Menge Eisen wurde von dem nach dem Glühen im Stickstoffstrome ermittelten Gewicht des Versuchsstückes abgezogen. Die Differenz des auf diese Weise erhaltenen Gewichtes des Versuchsstückes und der ursprünglichen Wägung ergab die Menge des durch den Rostprozeß in Rost umgewandelten Eisens.

Neben dem bereits erwähnten Erfordernis gleicher äußerer Versuchsbedingungen ergab sich bei den vorliegenden Prüfungen, bei

---

[1]) H e y n und B a u e r, Mitteilungen aus dem Kgl. Materialprüfungsamt, Großlichterfelde 1908.

[2]) Metallröhrenindustrie, Heft 13 v. 10. April 1910.

welchen es sich in erster Linie um Feststellungen vergleichender Natur handelte, die Notwendigkeit einer bis zu einem gewissen Grade gleichmäßigen Beschaffenheit des Versuchsmaterials. Für den Verlauf des Rostvorganges sind nämlich, wie die Untersuchungsergebnisse des Verfassers[1]) gezeigt haben, Beschaffenheit und Charakter der Rohroberfläche, im besonderen also die Guß- und Walzhaut der Rohre von Bedeutung. Die Gußhaut ist von dem übrigen Material des Rohres nur insofern verschieden, als auf Grund gewisser chemisch-physikalischer Umlagerungen ein anscheinend stahlähnlicherer Charakter in den Peripherien des Rohres hervorgerufen wird, welcher nach dem Innern des Materials allmählich abnimmt. Prinzipiell werden jedoch die für den Charakter der Rostung des gußeisernen Rohres dort erläuterten

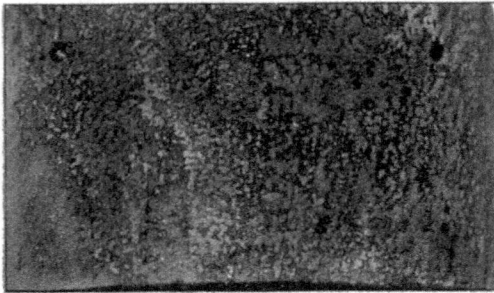

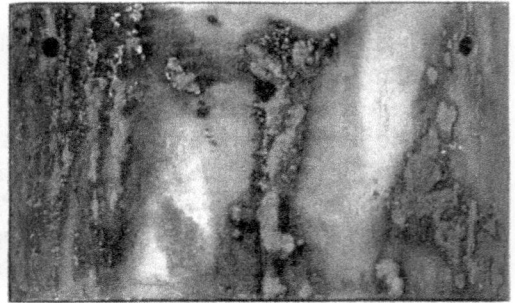

Fig. 2.   Fig. 3.

Vorgänge durch die Gußhaut nicht beeinträchtigt. Das Schmiedeeisenrohr stellt sich dagegen als ein mit einer Auflagerung von Eisenoxyd bzw. Oxydoxydul versehener schmiedeeiserner Kern dar. Je nach der Herstellungsart der schmiedeeisernen Rohre ist die Oxydschicht, welche als schließliches Produkt des Rostprozesses einem weiteren Rosten nicht mehr zugänglich ist, mehr oder weniger stark und haftet verschieden fest; infolgedessen erscheint die Walzhaut bei dem fertigen Rohre oft mehr oder weniger unganz, indem der schmiedeeiserne Kern an abgesprungenen Stellen zutage tritt.

Werden gußeiserne und schmiedeeiserne Rohre der Einwirkung von Sauerstoff und Feuchtigkeit ausgesetzt, so rosten, wie in der vorerwähnten Abhandlung[1]) eingehend dargelegt ist, Gußrohre auf der gesamten Oberfläche gleichmäßig, (Fig. 2) Schmiederohre dagegen zunächst nur an den unganzen Stellen (Fig. 3). Es würden daher Schlüsse,

---

[1]) Gesundheitsingenieur 1910, Nr. 22 vom 28. Mai.

welche bei dieser verschiedenen Art des Rostens aus den absoluten Messungen der Gewichtsverminderung direkt gezogen werden, einen irrtümlichen Maßstab für die tatsächliche Herabsetzung der Widerstandsfähigkeit der Rohre hervorrufen; ist es doch sehr wohl denkbar, daß von zwei Rohren, von welchen das eine gleichmäßig und das andere örtlich abrostet, das gleichmäßig abrostende Rohr, obwohl eine sehr viel größere Gewichtsabnahme festgestellt worden ist, widerstandsfähiger und gebrauchsfähiger geblieben sein kann als das örtlich zerstörte, bei welchem eine geringere Gewichtsabnahme festgestellt wurde. Diese Fehlerquelle mußte auf jeden Fall vermieden und eine Maßnahme getroffen werden, welche möglichst ohne den natürlichen Zustand der Rohre zu verändern, doch die ungleichmäßige Abrostung der Rohre zu verhindern imstande war. Nach verschiedenen Versuchen erwies es sich zur möglichsten Vermeidung der Fehlerquelle am zweckmäßigsten, die Probestücke vor ihrer Verwendung zu den Versuchen der Einwirkung eines Sandstrahlgebläses auszusetzen. Es kamen also für die nachstehend geschilderten Versuche abgeblasene Versuchsstücke mit Ausnahme derjenigen Fälle zur Anwendung, bei welchen ausdrücklich andere Angaben gemacht sind.

Volumetrische Bestimmung des Rostfortschrittes.

Für Bestimmungen des Rostfortschrittes, bei welchen eine Änderung der Versuchsanordnungen und eine Entfernung der Versuchsstücke nicht erforderlich sind, gibt die von mir schon an anderer Stelle[1]) veröffentlichte v o l u m e t r i s c h e Messung der bei dem Rostvorgang eintretenden Sauerstoffabsorption brauchbare Ergebnisse. Die Methode gestattet gleichzeitig periodische Messungen und eine ständige Kontrolle des Versuches, während bei dem gewichtsanalytischen Verfahren mit der Entfernung des Versuchsstückes aus der Versuchsanordnung und der dadurch hervorgerufenen Änderung der Versuchsbedingungen die Beendigung des Versuches erfolgen muß.

Nach einer großen Reihe von Versuchen wurde zuletzt der in der Abbildung (Fig. 4) dargestellte Apparat für die Durchführung der volumetrischen Bestimmungen beim Rosten von Eisen an feuchter Luft verwendet.

In einem weithalsigen Glaszylinder von 1500 ccm Fassungsraum ist ein Einsatz eingeschliffen, welcher mit drei durch Glashähne verschließbaren Zu- und Ableitungen versehen ist. Das eine, nach unten

---

[1]) Analytische Methoden zur vergleichenden und absoluten Messung des Rostfortschrittes. Metallröhrenindustrie Nr. 13 vom 10. April 1910.

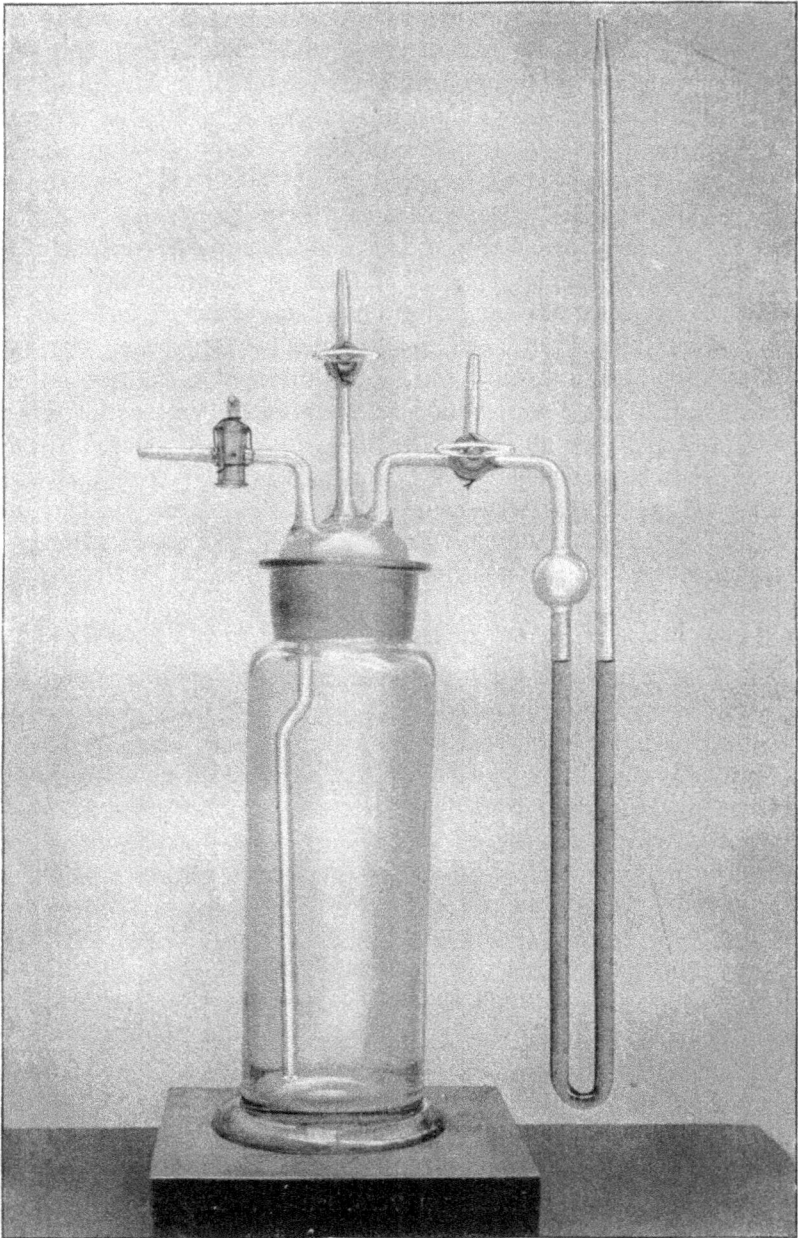

Fig. 4.

gelegene Zuleitungsrohr, welches als Meßrohr der Sauerstoffabsorption dient, weist eine Einteilung in $1/_{100}$ ccm Graden auf. Das knieförmig gebogene, fast bis zum Boden des Gefäßes reichende Glasrohr, welches durch den Hahn abzuschließen ist, ist dazu bestimmt, feuchte und durch Watte filtrierte Luft, welche durch den Hahn a wieder austreten bzw. abgesogen werden kann, dem Glaszylinder zuzuführen. Als Abschlußflüssigkeit des Zylinderinnern diente je nach den Erfordernissen der Versuche Olivenöl oder Quecksilber.

Die Meßapparate befanden sich in entsprechender Anzahl während der Zeitdauer der Versuche in einem großen, mit Wasser gefüllten Behälter, welcher gegen die Temperaturveränderungen der Atmosphäre durch entfettete Schafwolle isoliert war. Es gelang auf diese Weise, die Temperatur, welche in regelmäßigen Intervallen mit einem in $1/_{10}$ Grade geteilten Thermometer festgestellt wurde, innerhalb der Grenze von wenigen $1/_{100}$ Grad gleichmäßig zu erhalten. Die durch ein genaues Barometer festgestellten Druckunterschiede der Atmosphäre wurden bei der rechnerischen Durchführung der Ergebnisse in Betracht gezogen. Im übrigen kamen diese Druckänderungen bei vergleichenden, auf die verhältnismäßig kurze Zeit von 30 und 100 Tagen ausgedehnten Messungen nur in geringem Maße in Betracht. Die Verläßlichkeit der Apparate wurde vor Beginn der jeweiligen Messungen durch einen Versuch ohne Probestücke festgestellt. Nur wenn die im Höchstfalle wenige $1/_{100}$ ccm betragenden Volumenschwankungen des Zylinderinhaltes absolut gleiche Ablesungen bei allen Zylindern ergaben, wurden die Apparate für die schließlichen Messungen benutzt. Um ganz sicher zu gehen, wurde der jedesmalige Verlauf der Versuche in der Weise kontrolliert, daß einer der Meßapparate ohne Probestück benutzt wurde.

Die Durchführung der Versuche gestaltete sich folgendermaßen:

Die Probestücke wurden an dem als Verschluß des ganzen Apparates dienenden Einsatz frei aufgehängt, dann der Einsatz auf das Gefäß gebracht und durch Öffnen des mittleren Glashahnes der gewöhnliche Atmosphärendruck im Innern des Zylinders hergestellt. Nach Ablauf einiger Sekunden wurde der Zylinder durch Schließen der linksseitigen Hähne gegen die Außenluft abgeschlossen und dann das jeweilige absorbierte Sauerstoffquantum in bestimmten Zeitintervallen an dem Meßrohr direkt abgelesen. Um am Anfang der Versuche in den einzelnen Meßapparaten ein gleichmäßig zusammengesetztes Luftquantum von gleichen Feuchtigkeitsgraden zu erhalten, wurden die Zylinder vor dem Einbringen der Probestücke mit Wasser von Zimmertemperatur bis zum oberen Rande gefüllt, das Wasser ausgegossen und 15 Sekunden lang abtropfen gelassen.

Die Methode ist auch zur absoluten Messung des Rostfortschrittes geeignet und ergibt zuverlässige Werte unter der Voraussetzung natürlich, daß die äußeren Versuchsbedingungen und die Druckverhältnisse berücksichtigt werden. Die Brauchbarkeit der Methode ist übrigens später auch von anderer Seite bestätigt worden.

Von der Wiedergabe der einzelnen Bestimmungen soll in dieser Arbeit, welche lediglich das Verhalten der Rohre im Wasser und wässerigen Lösungen zum Gegenstand hat, abgesehen und nur erwähnt werden, daß die Ergebnisse der volumetrischen Messungen des Rostfortschrittes in feuchter Luft im Einklang mit den in dieser Arbeit wiedergegebenen Resultaten stehen, nach welchen in der ersten Zeit des Rostverlaufes das gußeiserne Rohr eine größere Rostneigung aufwies als die schmiedeeisernen Rohre.

Die späteren Messungen nach dem volumetrischen Verfahren ergaben, daß der weitere Verlauf des Rostfortschrittes in einer Richtung ging, welche schon aus den in meiner Veröffentlichung wiedergegebenen graphischen Darstellungen ersichtlich war. Die bei der Rostung der gußeisernen Rohre absorbierte Sauerstoffmenge sank bei den meisten Versuchsreihen relativ schnell, während die bei der Rostung der schmiedeeisernen Rohre gebrauchte Sauerstoffmenge dem anfänglichen Verbrauch gegenüber nur wenig geringer zu werden pflegte. Es trat dann bald ein Zeitpunkt ein (und zwar schwankte dieser bei den verschiedenen Gußrohrsorten zwischen ein bis zwei Tagen), bei welchem die von dem Gußrohr absorbierte Sauerstoffmenge gleich oder zeitweise auch geringer war. Nach diesem Stadium erfolgten keine charakteristischen Änderungen mehr, indem manchmal die gußeisernen, manchmal die schmiedeeisernen Rohre eine größere oder geringere Sauerstoffabsorption aufwiesen.

Da es aus technischen Gründen nicht immer möglich war, die während des mehrmonatlichen Rostvorganges absorbierte Sauerstoffmenge fortlaufend zu messen, wurden bei einigen Versuchen die Rohre während einer längeren Zeit dem Rostangriff unter den gleichen Verhältnissen ausgesetzt und dann in den gleichen Meßapparaten während einiger Stunden unter Bestimmung der dabei absorbierten Sauerstoffmenge überlassen. Die nachstehenden Werte geben einen Ausweis über die nach viermonatlichem Rostprozeß während fünfstündiger weiterer Rostung absorbierten Sauerstoffmengen:

Zeit in Stunden	Guß-eisenrohr Nr. 259	Guß-eisenrohr Nr. 323	Schweiß-eisenrohr Nr. 258	Fluß-eisenrohr Nr. 257	Fluß-eisenrohr Nr. 315	Fluß-eisenrohr Nr. 317
5	55,0	52,5	51,2	69,5	56,2	54,2

Die Zahlen bedeuten das absorbierte Volumen in $^1/_{100}$ ccm und zeigen, daß schon die einzelnen Guß- und Schmiedeeisensorten unter sich nicht einen gleichen Rostverlauf ergaben; jedenfalls werden Herkunft des Materials und Art der Beschaffung und vor allen Dingen auch die Dimensionen der Rohre bei der Beurteilung der Versuchsergebnisse in Berücksichtigung zu ziehen sein.

In meiner Veröffentlichung der volumetrischen Rostbestimmungsmethode hatte ich, lediglich um ein Übungsbeispiel für die Brauchbarkeit der Methode zu geben, die Messungsergebnisse einer Versuchsreihe für die ersten 18 Stunden des Rostprozesses wiedergegeben. Da während dieser ersten Rostperiode die Sauerstoffabsorption bei den gußeisernen Rohren bedeutend größer war als bei den schmiedeeisernen Probestücken, ist im Hinblick auf die bestehenden wirtschaftlichen Gegensätze zwischen Guß- und Schmiederohr befürchtet worden, daß aus den Kurven verallgemeinernde Schlüsse in bezug auf die Widerstandsfähigkeit der einzelnen Rohrsorten in der Praxis in einem für Gußeisen ungünstigen Sinne gezogen werden könnten. Wenn auch eine wissenschaftliche Untersuchung auf die wirtschaftlichen Verhältnisse keine Rücksicht nehmen sollte, sah ich mich doch zu diesem Hinweis angesichts einer von der Gußrohrseite veranlaßten Veröffentlichung, in welcher die genannte Befürchtung ausgesprochen ist, veranlaßt.

A. Verhalten der Rohre in verschiedenen Wässern.

I.

Durch die ersten Versuche sollte festgestellt werden, ob der Verlauf einer auf längere Zeit ausgedehnten Rostperiode bei den verschiedenen Rohrsorten normal vor sich ginge oder ob event. auf Grund der durch die allmähliche Verrostung eintretenden Änderungen der Oberflächenbeschaffenheit und der mit der Rostung verbundenen Entfernung der äußersten Rohrschichten Unregelmäßigkeiten oder Anomalien im Verlaufe des Rostprozesses hervortreten könnten. Zu diesem Zwecke wurden die Versuchsstücke des gußeisernen Rohres Nr. 259, des schweißeisernen Rohres Nr. 258 und des flußeisernen Rohres Nr. 257 unter den oben erwähnten Versuchsbedingungen dem Rosten unterworfen. Als Versuchsflüssigkeiten dienten destilliertes Wasser, Charlottenburger Leitungswasser[1]) und künstliches Seewasser. Über Beschaffenheit und Zusammensetzung des Leitungswassers geben die folgenden Analysenwerte einige Anhaltspunkte:

Aussehen: klar, farblos,
Reaktion: neutral,
Trockenrückstand . . . . . . 0,2780 g im Liter,
Glühverlust . . . . 0,0950 » » »
Kalk . . . . 0,1350 » » »
Magnesia . . . . 0,0126 » » »
Eisen . . . . Spuren
Kieselsäure . . . . 0,0230 » » »
Schwefelsäure . . . . 0,0370 » » »
Chlor . . . . 0,0285 » » » [2])
Salpetersäure . . . . Spur
Freie Kohlensäure . . . . . 0,0090 » » »
Halb gebundene Kohlensäure . 0,0070 » » »
Ammoniak . . . . nicht nachweisbar,
Verbrauch an Permanganat . . 0,0110 g im Liter,
Gesamthärte . . . . bis 15° d. H.
Temporäre Härte . . . . . . » 9° » »

---

[1]) Charlottenburger Wasserwerke in Schöneberg.
[2]) Der Chlorgehalt steigt zeitweise bis etwa 0,04 g i. L.

Das künstliche Seewasser wurde durch Lösen von:

    29,9 g Natriumchlorid,

    3,04 » Magnesiumsulfat,

    3,01 » Magnesiumchlorid,

    1,25 » Calciumsulfat

in einem Liter Wasser hergestellt.

Die Dauer der Versuche betrug 50 Tage. Die durch den Rost entstandenen Gewichtsverminderungen wurden am zweiten Tage und dann nach Ablauf von je drei Tagen bestimmt. Da die Anwendung der oben erwähnten quantitativ genauen Methode im vorliegenden Fall für die Zwischenmessungen nicht durchführbar war, erfolgte die intermediäre Messung durch Wägung nach einfacher mechanischer Entfernung des gebildeten Rostes durch vorsichtiges Abbürsten. Die Bestimmung nach Beendigung des Versuches wurde nach der genauen Methode durchgeführt. Bis zum 20. Tage der Versuchsdauer wurde der gebildete Rost von dem Versuchsstück lediglich durch Abspülen entfernt.

Diese Versuche dienten, wie bereits gesagt, nur zum Zwecke der Feststellung, ob im Verlaufe des Rostprozesses Unterbrechungen bzw. Unregelmäßigkeiten irgendwelcher Art auftreten würden. Es können aus den Ergebnissen keine Schlüsse auf das absolute Verhalten der Rohre gezogen werden; denn die für die Zwischenbestimmungen angewendete Methode ist aus den früher angegebenen Gründen als nicht genau zu erachten, wenn sie auch für den vorliegenden Zweck in jeder Beziehung genügte, zumal die Gefahr, daß die Oberfläche der Rohrsorten bei der Entfernung des Rostes irgendwie beeinflußt werden könnte, durch besondere Vorsicht bei der Anwendung der Methode möglichst ausgeschaltet wurde.

Die Ergebnisse der Versuche finden sich in den Tabellen I bis VI und in den graphischen Darstellungen I bis VI. In den graphischen Darstellungen I bis III sind die Zeiten in Tagen auf der Abszisse und die während dieser Zeiten entstandenen G e s a m t g e w i c h t s v e r - l u s t e in Grammen auf der Ordinate abgetragen, während in IV bis VI die Zeiten in Tagen auf der Abszisse und die v o n e i n e r M e s s u n g z u r a n d e r n e n t s t a n d e n e n G e w i c h t s v e r - l u s t e in Grammen auf der Ordinate abgetragen sind.

Der regelmäßig ansteigende Verlauf der Kurven I bis III zeigt ein fortschreitendes Rosten ohne charakteristische Unterbrechungen. Der absolute Gewichtsverlust ist beim gußeisernen Rohr größer als bei den schmiedeeisernen Rohren; das schweißeiserne Rohr zeigt ein etwas günstigeres Verhalten als das flußeiserne Material.

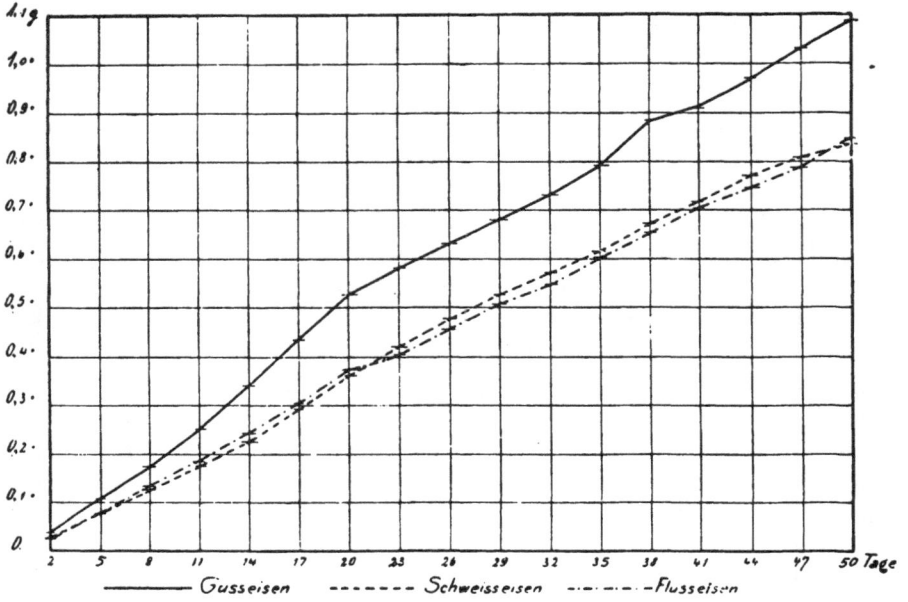

Graphische Darstellung I:

Rostversuche in ruhendem destillierten Wasser.

(Zahlenreihe a in Tabelle IV.)

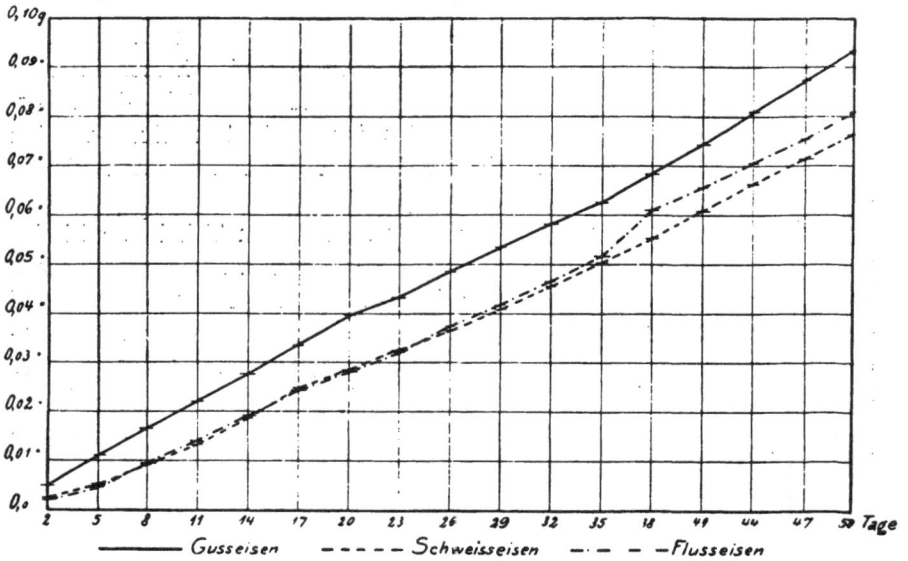

Graphische Darstellung II:

Rostversuche in ruhendem Leitungswasser.

(Zahlenreihe b in Tabelle V).

Bei den Kurven IV bis VI ist ein viel größerer Gewichtsverlust des gußeisernen Rohres innerhalb der ersten 20 Tage der Versuchsdauer

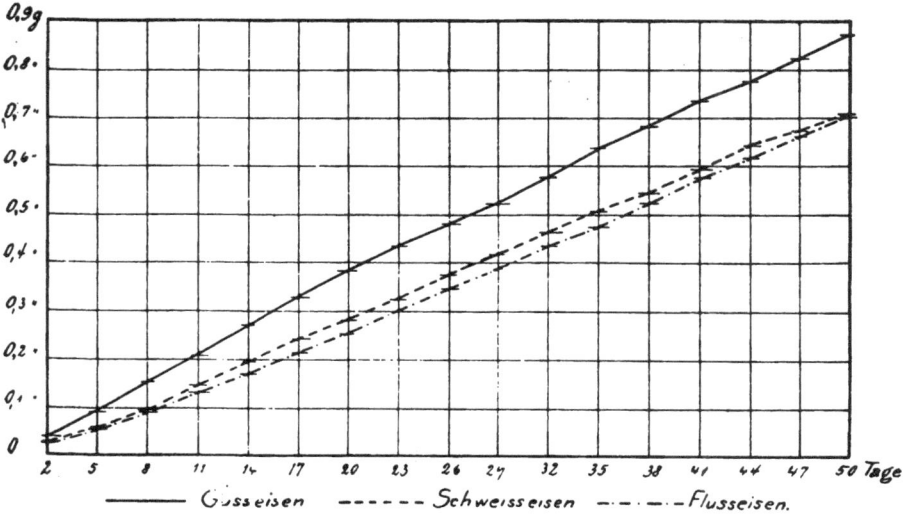

——— Gusseisen   - - - - - Schweisseisen   - · — · — Flusseisen.

Graphische Darstellung III:

Rostversuche in ruhendem Meerwasser.
(Zahlenreihe c in Tabelle VI.)

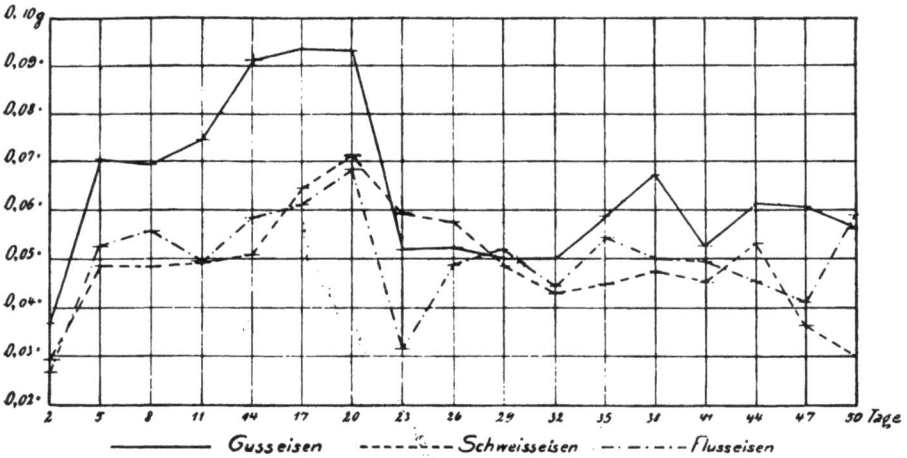

——— Gusseisen   - - - - - Schweisseisen   - · — · — Flusseisen

Graphische Darstellung IV:

Rostversuche in ruhendem destillierten Wasser.
(Zahlenreihe A in Tabelle IV.)

als im übrigen Verlauf des Versuches bemerkenswert. Nach dieser Periode sinkt die Gußeisenrohrkurve abwärts und verläuft ziemlich gleichmäßig mit den Kurven der Schmiedeeisenrohre. Diese Erscheinung tritt am charakteristischsten in der Kurve IV, welche das Verhalten der drei Rohre in destilliertem Wasser zeigt, hervor.

Die Versuchsbedingungen wiesen nur insofern eine Abweichung auf, als der gebildete Rost während der ersten 20 Tage der Versuchsdauer weit häufiger entfernt wurde als späterhin, und hierin wird auch vielleicht der Grund für die genannte Erscheinung zu suchen sein;

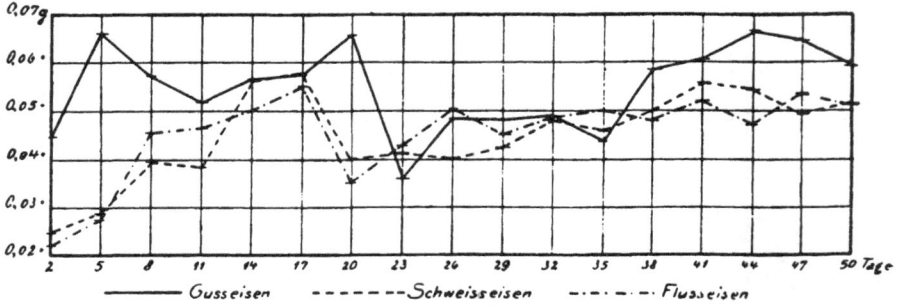

Graphische Darstellung V:

Rostversuche in ruhendem Leitungswasser.

(Zahlenreihe B in Tabelle V.)

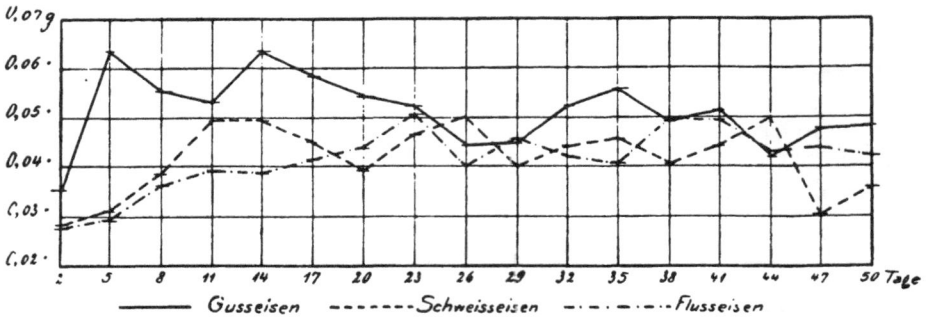

Graphische Darstellung VI:

Rostversuche in ruhendem Meerwasser.

(Zahlenreihe C in Tabelle VI.)

ihre Deutung läßt sich aus den bei der Untersuchung über die verschiedene Art der Rostung von Guß- und Schmiederohren erhaltenen Ergebnissen[1] ableiten: Das gußeiserne Rohr zeigt auf Grund der großen Anzahl über seine Oberfläche verteilter Stellen mit verschiedenem Potentialausdruck eine hohe Rostungsanfangsgeschwindigkeit. Da in der elektrischen Bewertung dieser Stellen bald Umkehrungen

---

[1] Gesundheitsingenieur 1910, Nr. 22 vom 28. Mai.

eintreten, bedeckt das gußeiserne Rohr sich mit einer gleichmäßigen Rostschicht, welche an der poröseren Gußrohroberfläche mit ihren Unregelmäßigkeiten schneller und dichter anzuhaften und dann bis zu einem gewissen Grade als ein natürlicher Schutz gegen einen weiteren Rostangriff zu wirken pflegt.

Von einer Seite ist die Behauptung aufgestellt worden, daß die Gußrohroberfläche eine Unzahl kleiner Haarrisse aufweise und daß in diesen Rissen der entstehende Rost in erster Linie sich einzukrallen pflege. Ich habe eine Anzahl Gußröhren mikroskopisch bei verschie-

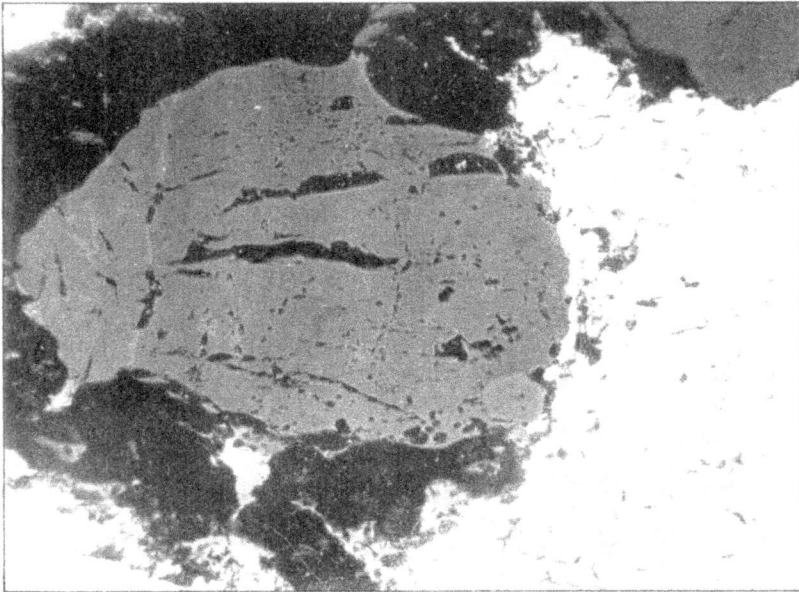

Fig. 5.

denen Vergrößerungen untersucht und gefunden, daß eine große Anzahl Gußröhren völlig frei von den genannten Haarrissen war, und daß gerade diese Röhren sich sehr oft gegen Rosten widerstandsfähiger erwiesen als die mit Haarrissen versehenen Röhren, während bei letzteren, wie das ja auch erklärlich erscheint, der Säureangriff schneller und intensiver erfolgte. In den Figuren 5 bis 7 sind drei mikroskopische Bilder von Gußrohroberflächen dargestellt, von denen die eine (Fig. 5) Haarrisse aufweist, während die anderen (Fig. 6 und 7) frei von Rissen sind. Diese Tatsachen sollen nur beiläufig erwähnt werden, ohne daß daraus schon jetzt irgendwelche Schlußfolgerungen gezogen werden sollen.

Im Gegensatz zum Gußrohr zeigen die schmiedeeisernen Röhren im allgemeinen eine geringere Rostungsanfangsgeschwindigkeit, welche sich im Laufe des Rostprozesses in ihrer Intensität trotz der allmählichen Rostbildung längere Zeit hindurch nicht zu verändern pflegt; erst im späteren Verlauf des Rostprozesses kann sich auch bei den schmiedeeisernen Rohren die bis zu einem gewissen Grade schützende

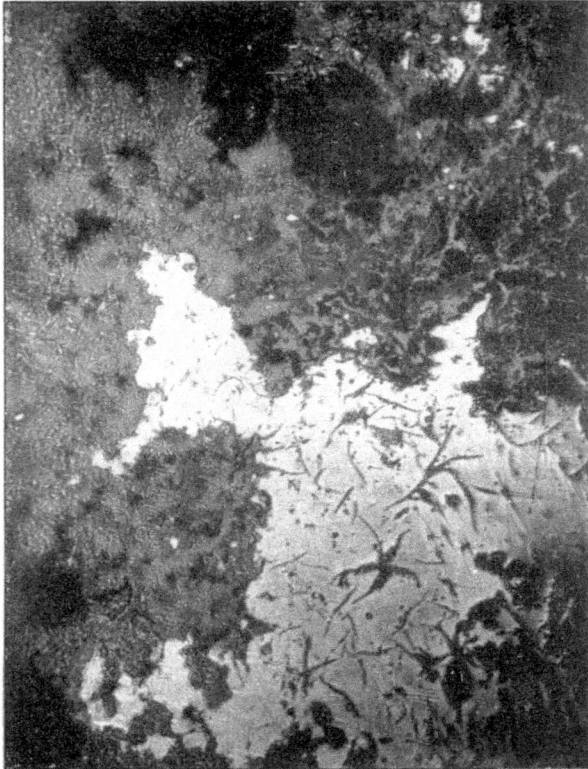

Fig. 6

Wirkung der gebildeten Rostschicht bemerkbar machen. Aus den schon erwähnten und späteren Versuchsergebnissen ergab sich ferner, daß, sobald die auf dem Gußrohr gebildete Rostschicht nach ihrer Entstehung wieder entfernt wurde, von neuem Gelegenheit zur Entwicklung der anfänglichen großen Rostungsgeschwindigkeit gegeben war, und die Folge dieser ständig wiederkehrenden Beschleunigung des Rostens war dann ein größeres Gesamtrosten. Ob vollkommenes Belassen der gebildeten Rostschicht die Rostgefahr fast aufzuheben vermag, kann nicht als bewiesen angesehen werden und erscheint aus vielen Gründen auch sehr fraglich.

Es folgt aus dieser ersten Versuchsreihe:

Der Rostvorgang eiserner Rohre in stehendem Wasser schritt ohne wesentliche Unterbrechungen in normaler Weise vorwärts. Die Entfernung der gebildeten Rostschicht erhöhte die Rostneigung bei

Fig. 7.

den gußeisernen Rohren mehr als bei den schmiedeeisernen Rohren. Die schweißeisernen Rohre zeigten unter den geschilderten Verhältnissen ein allerdings unwesentlich günstigeres Verhalten als die flußeisernen Rohre.

II.

Die folgenden Versuche dienten zur Feststellung, ob durch Zufuhr der das Rosten eiserner Rohre in der Praxis am häufigsten beeinflussenden Gase, nämlich von S a u e r s t o f f und von K o h l e n s ä u r e , charakteristische Unterschiede in dem Verhalten der Rohrarten hervorgerufen würden.

Daß die Wirkung der beiden Gase auf den Rostvorgang auf ganz verschiedener Grundlage beruht, ist unter Berücksichtigung der im Anfang gemachten Darlegungen selbstverständlich. Der Sauerstoff verursacht aus dem Grunde verstärkten Rostangriff, weil durch ihn eine schnelle Entfernung des ausgetauschten Wasserstoffes bewirkt und die Ausfällung des in Lösung gehenden Fe (OH)$_2$ beschleunigt wird, d. h. in der Gleichung

$$ C \frac{m^1\, B}{1 + \dfrac{B}{A}\, c^1} \cdot c^1 ; $$

der Wert B erhöht wird.

Die Kohlensäure bewirkt nicht direkt eine Steigerung des Rostangriffes; sie hat, wie jede andere Säure, die Erhöhung der Wasserstoffkonzentration zur Folge und gibt somit nach der Gleichung:

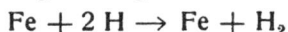

$$ Fe + 2\,H \rightarrow Fe + H_2 $$

zu erhöhter Lösung des Eisens Veranlassung, als deren Folgeerscheinung bei Gegenwart von Sauerstoff der Rostvorgang erfolgt. Die Kohlensäure beschleunigt also den Primärvorgang, während Sauerstoff den Sekundärvorgang des Rostens beeinflußt.

Daß bei gleichzeitiger Anwesenheit von Sauerstoff und Kohlensäure die günstigsten Bedingungen für den Rostangriff eiserner Rohre gegeben sein werden, ergibt sich daher von selbst.

Die Anordnung der Versuche war die gleiche, wie sie bei der Versuchsreihe I angegeben wurde. Als Versuchselektrolyt diente d e - s t i l l i e r t e s Wasser. Bei der Art und Weise der Gaszuführung mußte weitgehendste Vorsicht walten; hierbei wurden die von H e y n und B a u e r [1]) gemachten Feststellungen berücksichtigt, nach welchen auf Grund von Rostversuchen (mit blanken Schweißeisenblechen und durch- und übergeleiteter Luft) die Art der Gaszufuhr von wesentlichem Einfluß auf die Stärke des Rostangriffes ist und der Höchstwert des Rostangriffs erreicht wird, wenn die Sauerstoffkonzentration der Flüssigkeit c^0 ständig den Sättigungsgrad c an diesem Gase aufweist, d. h. wenn $c^0 = c$ ist. Fehlerhafte Anordnung, insbesondere in bezug auf ungleichmäßige Art der Gaszuführung, konnte somit im vorliegenden Falle zu einer großen Fehlerquelle werden.

---

[1]) H e y n und B a u e r , Mitteilungen aus dem Kgl. Materialprüfungsamt, 1910.

Die Gase wurden mittels Reduzierventils einer Bombe entnommen und durch drei geteilte T-förmige Zuleitungsrohre in die einzelnen, die Versuchsstücke enthaltenden Gefäße eingeführt. Zur Regulierung der Gaszuführung dienten Schraubenquetschhähne; als Kontrolle wurde die innerhalb einer bestimmten Zeit austretende Gasmenge gemessen und die Zuführung so reguliert, daß innerhalb einer Stunde 1000 ccm Gas durch die einzelnen Versuchsgefäße strömten. Zunächst wurden die Gase direkt eingeleitet. Dabei zeigte sich jedoch, daß eine hochgradige lokale Abrostung, wie sie aus Fig. 8 und 9 ersichtlich ist, bei allen Rohrgattungen eintrat, weil die Gaskonzentration sich proportional der größeren oder geringeren Entfernung von der Eintrittsstelle des Gases verhält. Daher wurden die Gefäße mittels einer Scheidewand

Fig. 8.

Fig. 9.

in zwei Abteilungen geteilt. In der einen wurde das Versuchsstück aufgehängt, in die zweite das Gas eingeleitet. Die Kommunikation der beiden Abteilungen wurde dadurch bewirkt, daß die Scheidewand nur bis zu zwei Drittel der Flüssigkeitshöhe heraufgeführt wurde.

Die Versuchsdauer betrug wie im vorhergehenden Falle 50 Tage. Die Ergebnisse der Versuche finden sich in den Tabellen VII bis X und in den graphischen Darstellungen VII bis X. Die Kurven IX und X geben die von Bestimmung zu Bestimmung, d. h. die in Intervallen von drei Tagen entstandenen einzelnen Gewichtsverluste, die Kurven VII und VIII, die bis zu den einzelnen Zeitpunkten der Messung entstandenen Gewichtsverluste graphisch wieder.

Wie der Verlauf der Kurven auf VII und VIII anzeigt, wurde durch Einleiten von Sauerstoff und Kohlensäure kein prinzipieller Unterschied im Rostverlauf hervorgerufen. Auch hier zeigt sich eine regelmäßige und gleichmäßig verlaufende Gewichtsverminderung ohne wesentliche Unterbrechung; ferner tritt in den Kurven IX und X das gleiche charakteristische Merkmal der größeren Gewichtsabnahme des gußeisernen Rohre während der ersten zwanzig Tage des Rostvorganges in die Erscheinung. Ein Unterschied macht sich nur insoweit bemerkbar, als die Gewichtsverminderung des gußeisernen Rohres unter dem

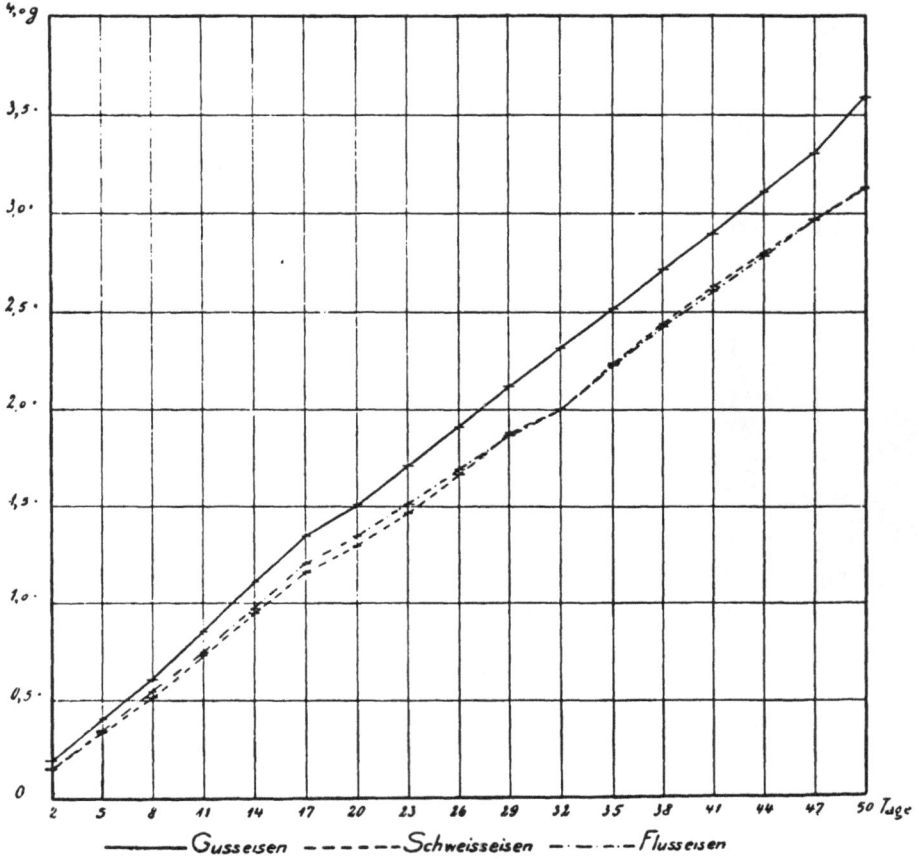

Graphische Darstellung VII:

Rostversuche in ruhendem dest. Wasser mit Zuführung von O.

(Zahlenreihe d in Tabelle IX.)

Einfluß der Kohlensäure im ganzen Verlauf des Versuches größer geworden war und daß anderseits im Gegensatz zu den früheren Versuchen das flußeiserne Rohr die geringste Gewichtsverminderung aufwies.

Wird der Gewichtsverlust, welchen das gußeiserne Rohr bei den Versuchen im stehenden destillierten Wasser erfuhr, = 1 gesetzt, so ergeben sich entsprechend:

a) bei Zuführung von Sauerstoff:

für Gußeisenrohr	für Schweißeisenrohr	für Flußeisenrohr
die Werte 3,30	2,86	2,86

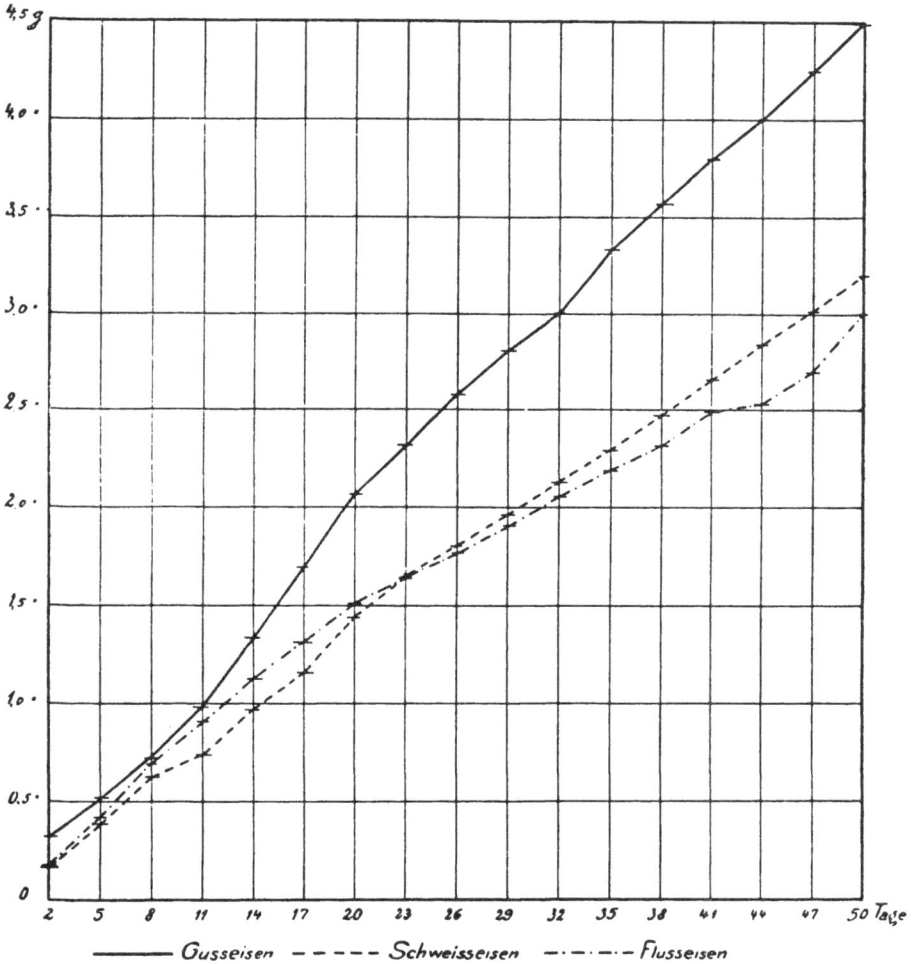

————— Gusseisen — — — — Schweisseisen —·—·—·— Flusseisen

Graphische Darstellung VIII:

Rostversuche in ruhendem dest. Wasser mit Zuführung von CO_2.

(Zahlenreihe e in Tabelle X.)

und b) bei Einleiten von Kohlensäure:

für Gußeisenrohr	für Schweißeisenrohr	für Flußeisenrohr
die Werte 4,13	2,95	2,75

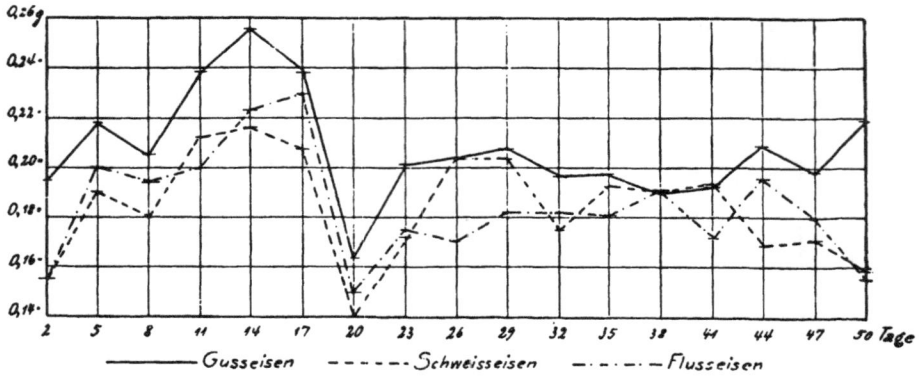

Graphische Darstellung IX:

Rostversuche in ruhendem dest. Wasser mit Zuführung von O.

(Zahlenreihe D in Tabelle IX.)

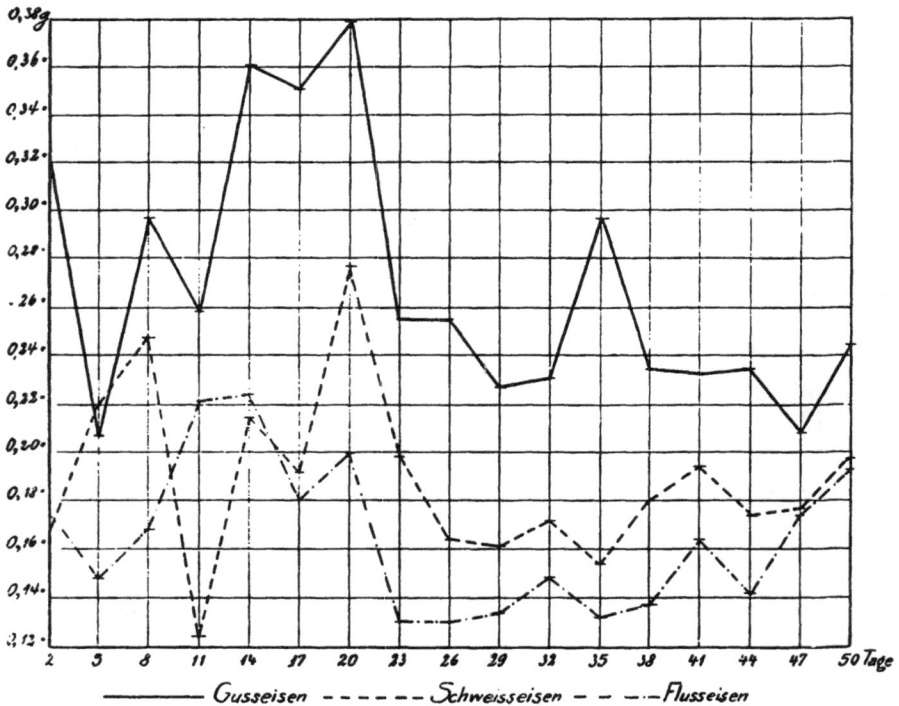

Graphische Darstellung X:

Rostversuche in ruhendem dest. Wasser mit Zuführung von CO_2.

(Zahlenreihe E in Tabelle X.)

Es ergiebt sich aus diesen Versuchen, daß durch Einleiten von Sauerstoff und Kohlensäure:

1. der normale Verlauf des Rostangriffs eiserner Rohre prinzipiell nicht beeinflußt wurde,

2. der Grad der Verrostung natürlich eine entsprechende Steigerung erfuhr, welche bei gleichzeitiger Anwesenheit von Kohlensäure und Sauerstoff ein Maximum erreichte,

3. die durch den Einfluß der Kohlensäure eintretende Erhöhung des Rostangriffs sich bei den Gußeisenrohren in größerem Maße bemerkbar machte als bei den Schmiedeeisenrohren und daß das Flußeisenrohr hierbei die günstigsten Verhältnisse aufwies,

4. da die durch Kohlensäure bewirkte Roststeigerung als Folgeerscheinung der erhöhten Wasserstoffkonzentration anzusehen ist, dieses Moment den Rostangriff auf das gußeiserne Rohr allgemein in ungünstigerem Sinne beeinflußte, als es bei den schmiedeeisernen Rohren der Fall war. Diese Auffassung fand auch durch das wesentlich ungünstigere Verhalten gußeiserner Rohre gegenüber dem Säureangriff (s. unter C) eine Bestätigung.

———————

Zu den folgenden vergleichenden Versuchsreihen (Nr. III bis XXIII) kam eine größere Anzahl von Rohren zur Verwendung, deren chemische und metallographische Prüfung Seite 7 ff. wiedergegeben wurde. Es wurden folgende Rohre herangezogen.

1. Gußrohr Nr. 259.
2. Gußrohr Nr. 323.
3. Schweißeisenrohr Nr. 258.
4. Schweißeisenrohr Nr. 319.
5. Flußeisenrohr Nr. 255.
6. Flußeisenrohr Nr. 315.
7. Flußeisenrohr Nr. 317.
8. Flußeisenrohr Nr. 321.

III.

Mit den acht genannten Rohrsorten wurden zunächst vergleichende Rostversuche in destilliertem und Meerwasser vorgenommen, wobei der Versuch in dem einen Falle überhaupt nicht und im andern Falle nur fünftägig unterbrochen wurde. Unter Einhaltung dieser Versuchsbedingungen wurden im destillierten Wasser je zwei Versuchsreihen durchgeführt und eine auf die Dauer von 30, die andere auf die Dauer von 100 Tagen ausgedehnt, während die Versuche im Meerwasser sich nur auf 100 Tage erstreckten. Die Sauerstoffzufuhr geschah durch Diffusion von der Oberfläche her. Für die ohne Unterbrechung des Rostvorganges durchgeführten Versuche waren Bedingungen geschaffen, welchen eiserne Rohrleitungen bei ständiger Berührung mit ruhendem

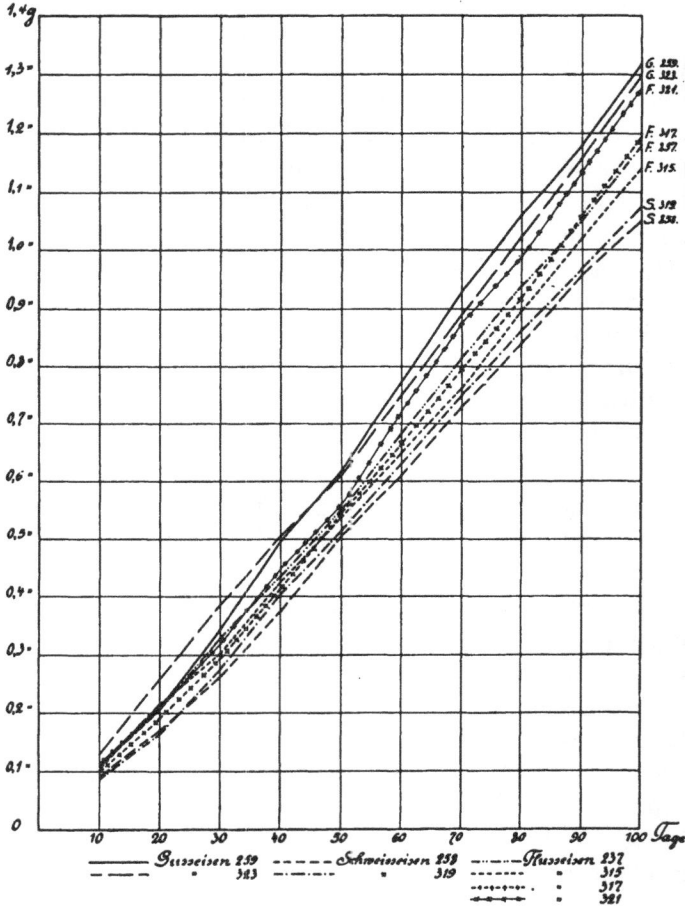

Graphische Darstellung XI:

Rostversuche in ruhendem dest. Wasser.

(Zahlenreihe I in Tabelle XI.)

Wasser in der Nähe der Oberfläche des Wassers ausgesetzt sein können. Zur Bestimmung der Gewichtsverluste am Ende der Versuche wurde die früher beschriebene genaue Methode angewendet, während die nach je zehntägiger Unterbrechung des Rostverlaufes vorgenommenen Zwischen-

bestimmungen durch Wägung nach mechanischer Entfernung des gebildeten Rostes geschahen.

Die Ergebnisse der Versuche finden sich in den Tabellen XI bis XV
und den graphischen Darstellungen XI bis XV.

Die Kurven in XII, XIII und XV zeigen die nach Beendigung
der Versuche gefundenen Gesamtgewichtsverminderungen, welche bei

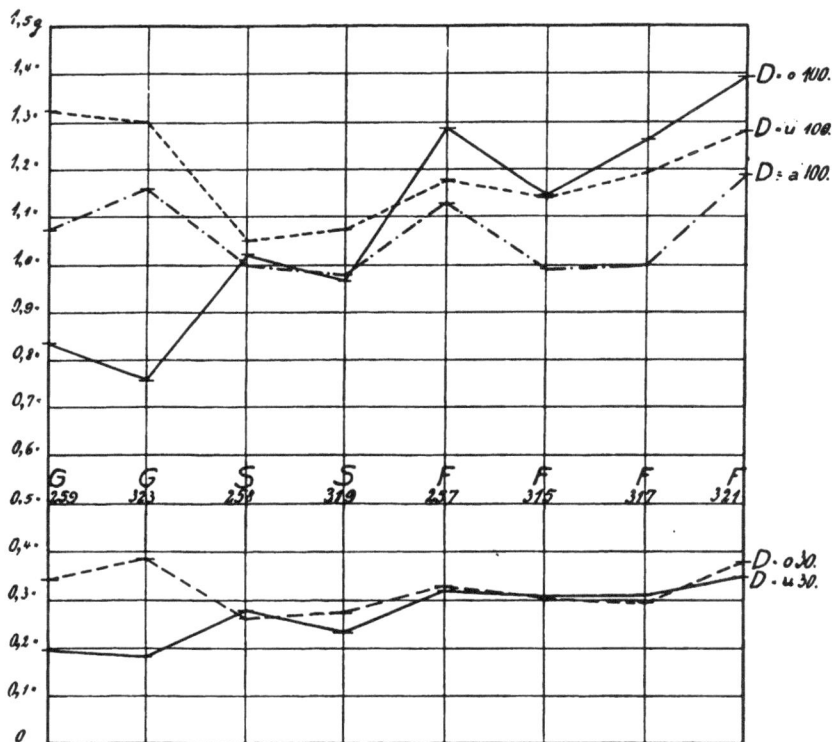

Graphische Darstellungen XII und XIII:
Rostversuche in ruhendem dest. Wasser (100 und 30 Tage).
(Tabellen XII, XIIa und XIII.)

den einzelnen Rohren in ihrer anfangs bezeichneten Reihenfolge als
Abszissen abgetragen sind. Die Verbindung der Abszissenendpunkte
durch die ausgezogene schwarze Linie stellt die schließlichen Gewichtsverminderungen während der ununterbrochenen Rostung und die
schwarzgestrichelte Linie die Gewichtsverluste während des mit fünftägiger Unterbrechung durchgeführten Rostversuches dar. In den Kurven XI und XIV ist der gesamte Rostverlauf dargestellt.

Die Kurven D_0^{100} (ohne Unterbrechung) und Du^{100} (mit Unterbrechung) (Darstellung XII), zeigen insofern einen prinzipiell verschie-

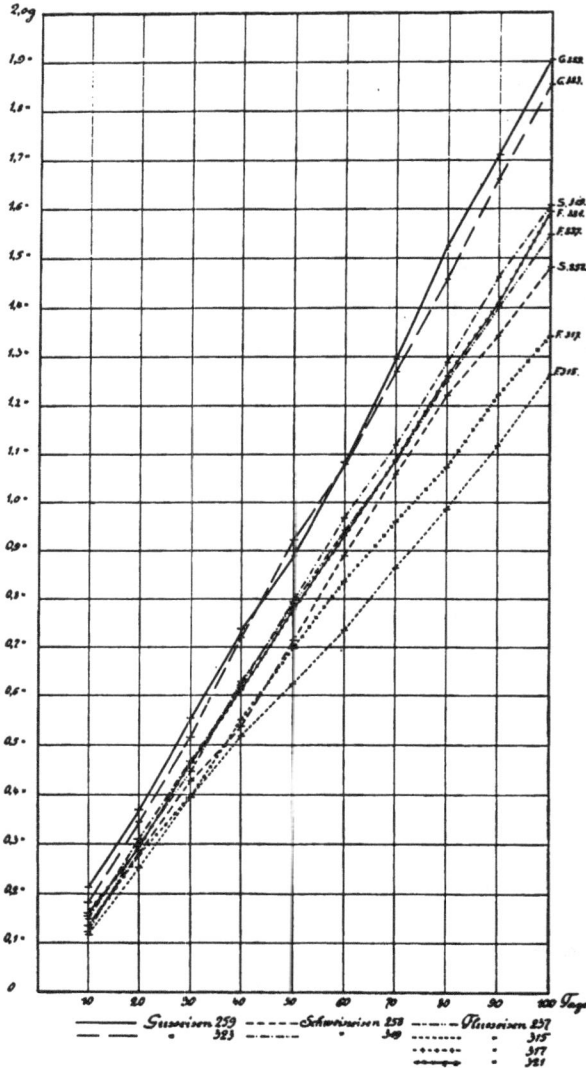

Graphische Darstellung XIV:
Rostversuche im Meerwasser.
(Zahlenreihe g in Tabelle XIV.)

denen Verlauf, als bei dem nicht unterbrochenen Rostversuch die gußeisernen Rohre den schmiedeeisernen gegenüber eine geringere Gewichtsverminderung aufwiesen, während bei der unterbrochenen Rostung (Du^{100})

das Verhalten der Rohrarten eine vollkommene Umkehr erfuhr. In beiden Fällen stehen die schweißeisernen Rohre bezüglich des Verrostungsgrades zwischen den gußeisernen und den flußeisernen Rohren.

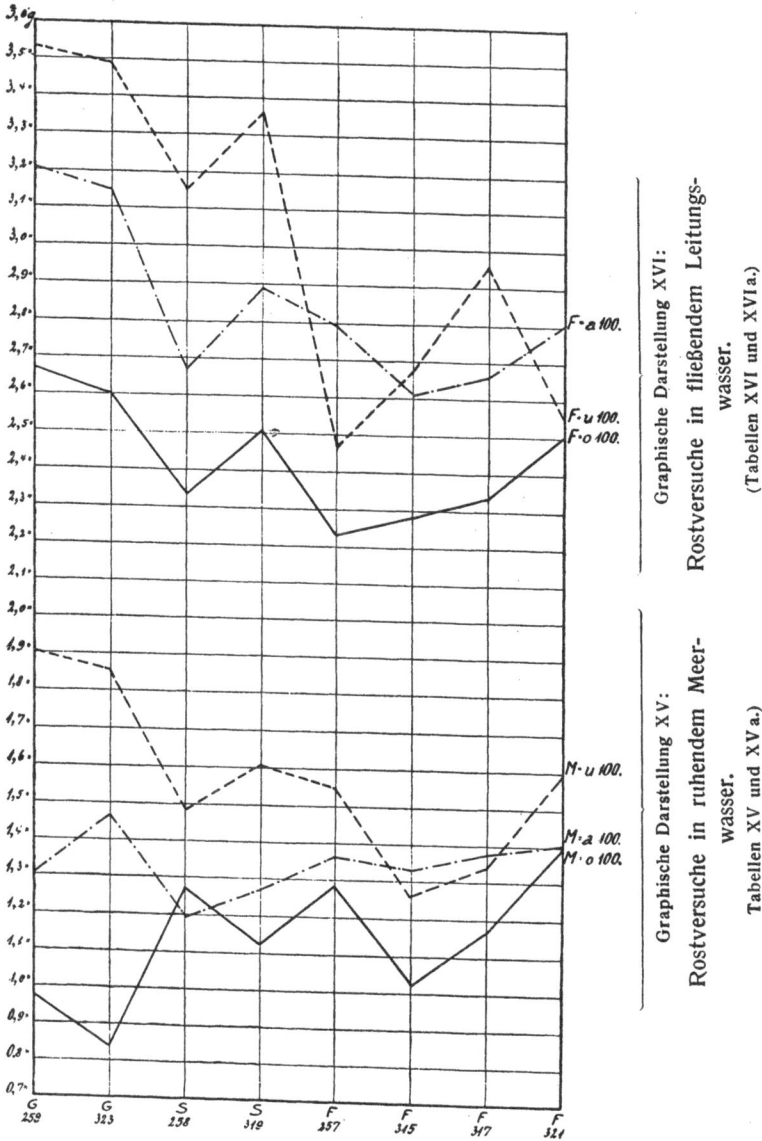

Den gleichen charakteristischen Verlauf zeigen die Kurven Mo^{100} und Mu^{100} (Darstellung XV), welche für die Rostversuche im Meerwasser ohne und mit Unterbrechung maßgeblich sind.

Auch nach diesen Ergebnissen scheint die Annahme zulässig, daß dem auf gußeisernen Rohren schneller als auf schmiedeeisernen sich bildenden Rostüberzuge, wenigstens unter den vorliegenden Versuchsbedingungen und in den oberen mit Luft in Berührung stehenden Schichten ruhenden Wassers, eine gewisse Schutzwirkung gegen einen weiteren Rostangriff zukam.

Beim weiteren Vergleich der Kurven Do^{100} und Do^{30}, welche ein Bild des Rostverlaufes ohne Unterbrechung während hundert und während dreißig Tagen zeigen, ergibt sich, daß sich die Schutzwirkung auf den gußeisernen Rohren im Laufe der Zeit steigerte, indem der Unterschied in der Gewichtsverminderung der gußeisernen und der schmiedeeisernen Rohre während der längeren Versuchsdauer mehr zunahm.

Wird der Verlust, welchen das gußeiserne Rohr Nr. 259 bei dem 30 tägigen Rostversuch ohne Unterbrechung erfuhr, = 1 gesetzt, so ergeben sich für die während des 30 tägigen Versuches entstandenen Gewichtsverminderungen der Reihe nach die Werte:

Gußeisenrohr Nr. 259 1
Gußeisenrohr Nr. 323 0,92
Schweißeisenrohr Nr. 258 1,39
Schweißeisenrohr Nr. 319 1,16
Flußeisenrohr Nr. 257 1,66
Flußeisenrohr Nr. 315 1,54
Flußeisenrohr Nr. 317 1,66
Flußeisenrohr Nr. 321 1,79

und bei dem auf hundert Tage ausgedehnten Versuche entsprechend die Werte:

Gußeisenrohr Nr. 259 3,77
Gußeisenrohr Nr. 323 4,92
Schweißeisenrohr Nr. 258 5,02
Schweißeisenrohr Nr. 319 4,83
Flußeisenrohr Nr. 257 6,43
Flußeisenrohr Nr. 315 5,72
Flußeisenrohr Nr. 317 6,03
Flußeisenrohr Nr. 321 . . . . 6,96.

Daraus resultiert eine Steigerung des Unterschiedes in der Gewichtsverminderung in Durchschnittswerten:

bei Gußeisenrohr	bei Schweißeisenrohr	bei Flußeisenrohr
von 1	1,31	1,72
auf 1	1,70	2,19.

Bei den im Meerwasser durchgeführten entsprechenden Versuchen (graph. Darstellung XV) ergaben sich keine Unterschiede den Versuchen im destillierten Wasser gegenüber, da der Verlauf der Kurven Mo^{100} und Mu^{100} mit den Kurven Do^{100} und Du^{100} identisch sind. Ein Unterschied war nur quantitativ insofern vorhanden, als die Gewichtsverminderungen im Meerwasser allgemein größere waren.

Aus diesen Versuchen folgt:

Beim Rostangriff in ruhendem, der Luft zugänglichem Wasser ohne Unterbrechung, d. h. also bei Belassung des entstandenen Rostes zeigten unter den genannten Versuchsbedingungen gußeiserne Rohre den schmiedeeisernen Rohren gegenüber einen etwas geringeren Gewichtsverlust, welcher wahrscheinlich auf die erhöhte Schutzwirkung der auf der Gußhaut der Gußrohre gebildeten Rostschicht sich zurückführen läßt. Diese Schutzwirkung nahm bei diesen Versuchsreihen mit der Zeit in einem für gußeiserne Rohre günstigen Sinne zu.

In Bezug auf das Verhalten der Rohre bei dem unterbrochenen Rostversuch ergaben sich, wie der Verlauf der Kurven zeigt, keine Unterschiede gegenüber den Ergebnissen der ersten, mit drei Rohrsorten angestellten Versuchsreihe. Die dort gezogenen Schlüsse haben also durch diese Versuche eine Bestätigung gefunden.

IV.

Gleichzeitig und unter den gleichen eben beschriebenen Versuchsbedingungen wurden zwei Versuche in destilliertem Wasser und im Meerwasser mit denselben acht Rohren unter der Maßgabe durchgeführt, daß die äußersten Materialschichten in einer Stärke von $\frac{1}{2}$ mm abgedreht wurden. Der Versuch sollte dazu dienen, über das Verhalten der Rohre mit und ohne die Guß- bzw. Walzhaut Aufklärung zu schaffen. Die Versuchsdauer betrug 100 Tage; der Rostverlauf wurde während dieser Zeit nicht unterbrochen. Die für die quantitative Vergleichung erforderliche Bedingung gleichmäßiger Abrostung wird durch das Abdrehen in gleichem Maße erfüllt wie durch das Abblasen, wie insbesondere in der schon erwähnten Arbeit[1] eingehend dargetan worden ist.

Die Ergebnisse dieser Versuche finden sich in den Tabellen XIIa und XVa und in den graphischen Darstellungen XII und XV durch die Kurven Da^{100} und Ma^{100} dargestellt.

Wie der Verlauf der Kurven Da^{100} und Ma^{100} zeigt, waren die durch den Rost hervorgerufenen Gewichtsverluste bei den einzelnen

---

[1] Über die verschiedene Art der Rostung von Guß- und Schmiederohren, Gesundheitsingenieur 1910 vom 28. Mai.

Rohren verhältnismäßig wenig verschieden; die Unterschiede bewegten sich bei dem Versuch in destilliertem Wasser zwischen den Werten 0,9814 und 1,1918 g, bei den Versuchen im Meerwasser zwischen 1,9310 und 1,4660 g. Wird der Gewichtsverlust des gußeisernen Rohres G 259 in destilliertem Wasser = 1 gesetzt, so ergeben sich für die einzelnen Rohre folgende Werte:

Im destillierten Wasser:

Gußeisenrohr G 259	1
Gußeisenrohr G 323	1,07
Schweißeisenrohr S 258	0,94
Schweißeisenrohr S 319	0,91
Flußeisenrohr F 257	0,95
Flußeisenrohr F 315	0,92
Flußeisenrohr F 317	0,94
Flußeisenrohr F 321	1,10

Im Meerwasser:

Gußeisenrohr G 259	1,21
Gußeisenrohr G 323	1,36
Schweißeisenrohr S 258	1,10
Schweißeisenrohr S 319	1,19
Flußeisenrohr F 257	1,27
Flußeisenrohr F 315	1,24
Flußeisenrohr F 317	1,28
Flußeisenrohr F 321	1,30.

Bei diesen Versuchen zeigten demnach die schweißeisernen Versuchsstücke die geringsten Verluste durch den Rostprozeß, nach diesen die flußeisernen Rohre.

Die früher[1]) gezogene Schlußfolgerung, »daß die Materialunterschiede der zur Herstellung von Rohren verwendeten Eisensorten keine wesentlich verschiedene Art der Rostung bedingen«, findet daher insoweit eine Ergänzung, als gesagt werden kann:

»Die Materialunterschiede der zur Herstellung von Rohren verwendeten Eisensorten bedingen nur in untergeordnetem Maße einen verschiedenen G r a d der Abrostung; der Grad ist viel mehr von den außerhalb der chemischen Beschaffenheit der Rohre liegenden Faktoren abhängig.«

Beim Vergleich der bei den ununterbrochenen Rostversuchen mit gewöhnlichen und abgedrehten Rohrstücken gewonnenen Kurven

---

[1]) Über die verschiedene Art der Rostung von Guß- und Schmiederohren. Gesundheitsingenieur 1910, Nr. 22 vom 28. Mai.

zeigten die schmiedeeisernen Versuchsstücke unter sich keine wesentlichen Unterschiede. Eine charakteristische Abweichung wiesen jedoch die gußeisernen Rohrstücke insofern auf, als die abgedrehten Rohrstücke durch ein weniger günstiges Verhalten gegenüber den noch mit der Gußhaut versehenen Probestücken charakterisiert waren. Es folgt hieraus, daß die durch die Rostschichtbildung hervorgebrachte Schutzwirkung bei den mit der Gußhaut versehenen unabgedrehten Rohrstücken in höherem Grade auftrat. Diese Erscheinung läßt sich wohl wieder dadurch erklären, daß die Rostschicht auf den gußeisernen Rohren bzw. auf der Oberfläche der Gußhaut besser haften kann, und daher auch günstigere Verhältnisse für ihre Schutzwirkung gegeben sind. Die Ursachen für die größere Widerstandsfähigkeit der unabgedrehten Gußrohrstücke den abgedrehten Rohren gegenüber in anderen Eigenschaften der Gußhaut, insbesondere in ihrer chemischen Beschaffenheit zu suchen, erscheint nach den Versuchen nicht zulässig, weil für einen Zusammenhang zwischen chemischer Zusammensetzung des Materials und seiner Rostneigung keine Anhaltspunkte gewonnen wurden.

Aus diesen Versuchen folgt:

Daß nach Entfernung der Guß- und Walzhaut bei den einzelnen Rohrarten in ruhendem Wasser keine Unterschiede in dem Grad der Rostneigung hervortraten, und daß die durch die Rostschicht auf den gußeisernen Rohren bedingte Schutzwirkung bei Vorhandensein der Gußhaut in höherem Grade sich bemerkbar machte.

V.

Während die beschriebenen Versuche das Verhalten der einzelnen Rohrsorten in ruhendem Wasser feststellen sollten, beziehen sich die folgenden Versuchsanordnungen auf das Verhalten der Rohre in f l i e -
ß e n d e m Wasser.

Zur Verwendung gelangte Charlottenburger Leitungswasser, dessen Zusammensetzung Seite 20 angegeben wurde.

Da bei der Zuführung des fließenden Wassers auch immer beträchtliche Luftmengen zugeleitet werden, erwies sich bei diesen Versuchen die Beobachtung der bei den Versuchen mit Sauerstoffzuführung angewendeten Vorsichtsmaßregeln als notwendig. Die Zuführung geschah daher auch bei diesen Versuchen indirekt, nachdem festgestellt war, daß bei direkter Zuführung ein ungleichmäßiges, stark örtliches Rosten erfolgte, ähnlich wie dies aus der Fig. 8 ersichtlich ist. Die Gefäße, in welchen die Versuche vorgenommen wurden, wurden deshalb durch eine Zwischenwand, welche über den Flüssigkeitsspiegel hinaus-

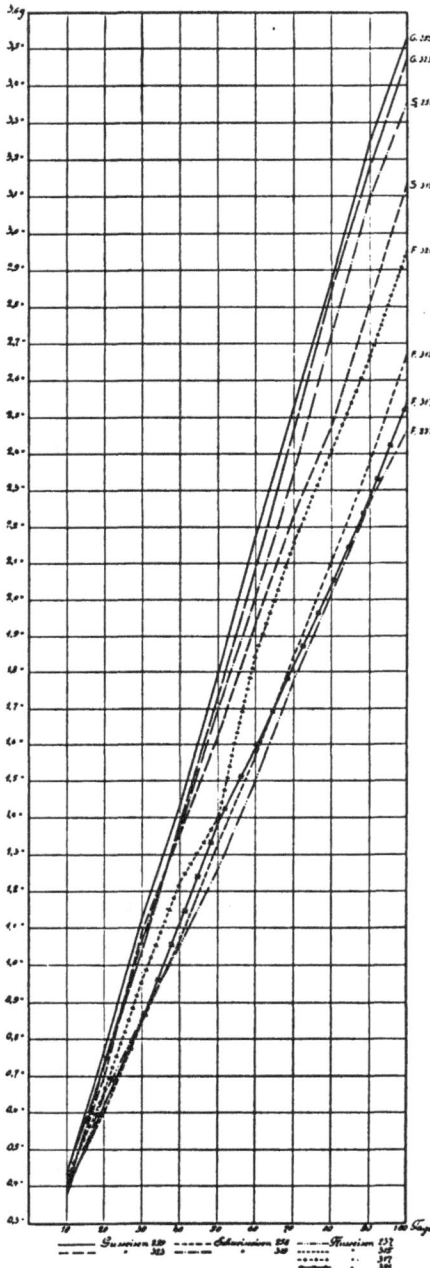

Graphische Darstellung XVII:
Rostversuche in fließendem Wasser.
(Zahlenreihe i in Tabelle XVII.)

ragte, in zwei Abteilungen geteilt; die Scheidewand war bis ungefähr 1 cm auf den Boden des Gefäßes herabgeführt, so daß die Kommunikation zwischen der einen Abteilung des Gefäßes, in welches die Wasserzuführung von oben her erfolgte, und der andern Abteilung, in welcher das Versuchsstück hing, durch den zwischen Scheidewand und Gefäßboden befindlichen Zwischenraum geschah. Die Hauptzuführung des Wassers erfolgte von einem zentralen Rohr, von welchem rechts und links Zuleitungen zu den einzelnen Gefäßen abgezweigt waren. Die Regulierung der Wasserzuleitung wurde durch Schraubenquetschhähne in der Weise erreicht, daß 1 l Wasser innerhalb 6 Minuten durch jeden Zylinder strömte. Die Versuche wurden mit gewöhnlichen und abgedrehten Versuchsstücken und außerdem ohne und mit Unterbrechung des Rostvorganges durchgeführt.

Die Ergebnisse der Versuche finden sich in den Tabellen XVI und XVII zahlenmäßig und in den Darstellungen XVI und XVII graphisch.

Die Kurven XVII zeigen den Rostverlauf in fließendem Wasser bei je fünftägiger Unterbrechung des Prozesses und Entfernung der gebildeten Rostschicht durch Abspülung. Die intermediären Messungen der Gewichtsverminderungen wurden alle zehn Tage vorgenommen. Die Zeiten sind auf der Abszisse, die zugehörigen Gesamtgewichtsverminderungen auf der Ordinate der graphischen Darstellung abgetragen. In der Kurve XVI sind die Gewichtsannahmen am Ende des Versuches auf der Abszisse abgetragen. Die schwarz ausgezogene Verbindungslinie der Abszissenendpunkte Fo^{100} zeigt den Verlauf ohne Unterbrechung des Versuches und die schwarzgestrichelte Kurve Fu^{100} den des unterbrochenen Restversuches. Die Bestimmungen wurden nach der bereits mehrfach erwähnten genauen Methode ausgeführt.

Der regelmäßig ansteigende Verlauf sämtlicher Kurven in der graphischen Darstellung XVII zeigt, daß der Rostvorgang im fließenden Wasser von dem im stehenden Wasser wesentliche Unterschiede nicht aufwies. Auch hier schritt der Rostprozeß, ohne daß er bemerkenswerte Störungen oder Unterbrechungen erfuhr, in normaler Weise fort. Eine Verschiedenheit trat nur insofern beim Vergleich mit den Kurven für stehendes destilliertes und stehendes Meerwasser XIV und XV auf, als der Anstieg bei den vorliegenden Versuchen ein sehr viel plötzlicherer, die Verrostung mithin intensiver und stärker war, als in ruhendem Wasser.

Die Kurve Fo^{100} (graphische Darstellung XVI), welche die Gewichtsverminderungen am Schlusse des ununterbrochenen Rostversuches in fließendem Wasser ohne Unterbrechung wiedergibt, weist gegenüber der Kurve, welche unter sonst gleichen Bedingungen das Verhalten der Rohre in ruhendem Wasser darstellt, teilweise Unterschiede, teilweise gleichen Verlauf mit den unterbrochenen Versuchen in stehendem Wasser auf (s. Kurve Du^{100} auf graphischer Darstellung XII); denn die gleichen Verhältnisse, welche früher durch die bewußte mechanische Entfernung der entstandenen Rostschicht geschaffen wurden, d. h. die Möglichkeit der Entwicklung einer größeren Rostungsanfangsgeschwindigkeit beim gußeisernen Rohre, trat beim fließenden Wasser von selbst durch den mechanischen Effekt des Wasserflusses ein. Dem Energieumfange entsprechend, welcher sich aus der Menge und der Schnelligkeit des fließenden Wassers ergibt, werden die auf dem Rohre gebildeten Rostschichten in größerem oder geringerem Umfange kontinuierlich entfernt. Es trat daher bei dem gußeisernen Rohr die Gelegenheit zu anfänglicher starker Rostentwicklung immer von neuem ein. Die Folge war ein stärkeres Rosten des gußeisernen Rohres gegenüber sämtlichen Schmiederohren, die gleiche Erscheinung, welche bei den Versuchen in stehendem Wasser festgestellt wurde, sobald die Entfernung des Rostes in regelmäßigen Zeiträumen auf manuellem Wege geschah.

Eine Verschiedenheit zeigen die beiden Kurven für das Verhalten der Rohre in fließendem Wasser Fo^{100} und Fu^{100} (XVI) insofern früheren Ergebnissen gegenüber, als hier die schweißeisernen Rohre eine größere Gewichtsverminderung als die flußeisernen aufwiesen.

Unter Berücksichtigung des Umstandes, daß die Schutzwirkung des Rostes bei den Gußeisenrohren in den Versuchen mit fließendem Wasser weniger zur Geltung kam, scheint die Annahme eine gewisse Berechtigung zu haben, daß der Grad der Herabminderung des Schutzes im direkten Verhältnis zu dem durch den Wasserzufluß ausgeübten mechanischen Effekt steht.

Daß hierbei auch die Form, in welcher sich der Rost bildet, eine nicht unbedeutende Rolle spielt und im engen Zusammenhange mit dem Rostgrad steht, ist anzunehmen. Bildete sich nämlich z. B. die Rostschicht in einer dichteren oder fester anhaftenden Form, so nahm insbesondere beim gußeisernen Rohre die Widerstandsfähigkeit gegen den Rostangriff zu. Wie in einer anderen Abhandlung gezeigt werden wird, ist die Form der Rostbildung sowohl von der Art des Rostangriffs wie auch von der Beschaffenheit der Rohrarten und von äußeren Verhältnissen, z. B. den Dimensionen und der Verlegungsart der Rohrleitung, abhängig.

VI.

Gleichzeitig mit den vorigen Versuchen und unter Beobachtung gleicher Versuchsbedingungen wurde ein Rostversuch mit abgedrehten Versuchsstücken in fließendem Wasser vorgenommen. Die Dauer des Versuches betrug 100 Tage. Der Versuch wurde nicht unterbrochen. Die Versuchsergebnisse sind aus der Tabelle XVIa und der graphischen Darstellung XVI (durch die Kurve Fa^{100}) ersichtlich. Ein charakteristisch abweichendes Verhalten zeigt der Verlauf dieser Kurve nicht. Auch in diesem Falle verhält sich das gußeiserne Rohr gegenüber den Ergebnissen, welche mit abgedrehten Rohrstücken in ruhendem Wasser gewonnen wurden (s. Kurve Da^{100} auf XII), ungünstiger.

Aus den Ergebnissen der Rostversuche in fließendem Wasser ergibt sich folgendes:

Der normale fortschreitende Rostverlauf eiserner Rohre, wie er beim Rosten in stehendem Wasser charakteristisch war, erfuhr in fließendem Wasser keine prinzipielle Änderung. Auch hier schritt der Rostprozeß sämtlicher Rohrarten ohne Unterbrechung gleichmäßig weiter. Die für die gußeisernen Rohre bei ununterbrochenen Rostversuchen in stehendem Wasser festgestellte Schutzwirkung der gebildeten Rostschicht kam in fließendem Wasser nicht in gleichem Grade zur Geltung; dieselbe wird je nach dem durch den Wasserzufluß ausgeübten mechanischen Effekt größer oder geringer sein.

Die schweißeisernen Rohre erwiesen sich bei den Versuchen im fließenden Wasser gegenüber den flußeisernen widerstandsfähiger, während bei den Versuchen in ruhendem Wasser das umgekehrte Verhältnis festgestellt wurde.

VII.

Um über das Verhalten der Rohre bei intermittierender Berührung mit Wasser und Luft Aufklärung zu gewinnen, wurden die folgenden Versuche durchgeführt.

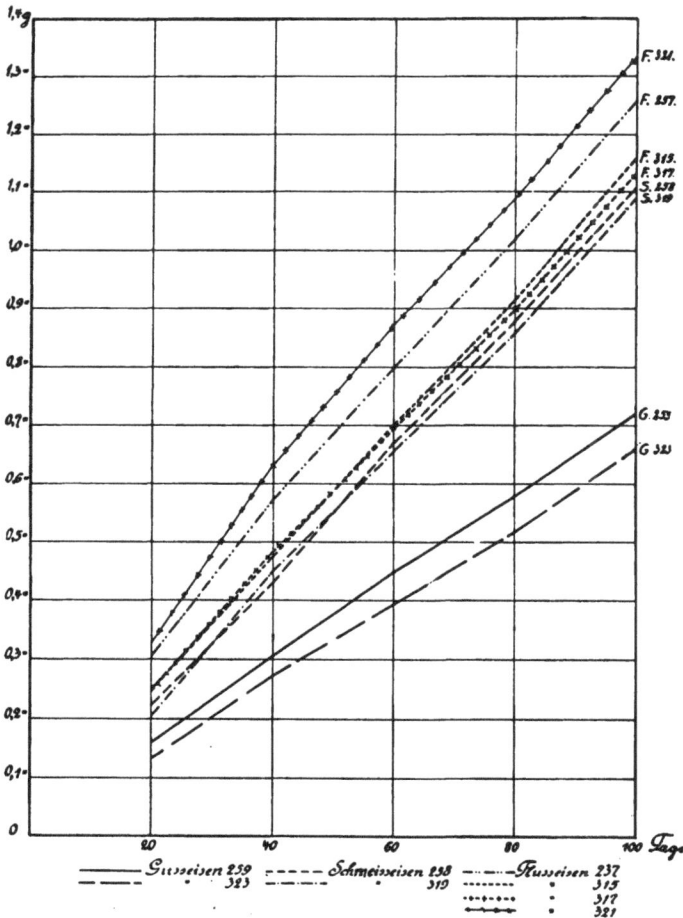

Graphische Darstellung XVIII:
Rostversuche bei intermittierender Einwirkung von Wasser und Luft.
(Zahlenreihe h in Tabelle XVIII.)

— 46 —

Gleiche Rohrstücke wie bei den vorhergehenden Versuchen wurden abwechselnd je 24 Stunden der ⸱Einwirkung von stehendem Wasser und Luft ausgesetzt. Die Versuchsdauer betrug 100 Tage, so daß im ganzen ein 50 maliger Wechsel zwischen Wasser und Luft stattfand. Die Gewichtsverminderungen wurden alle 20 Tage bestimmt und der

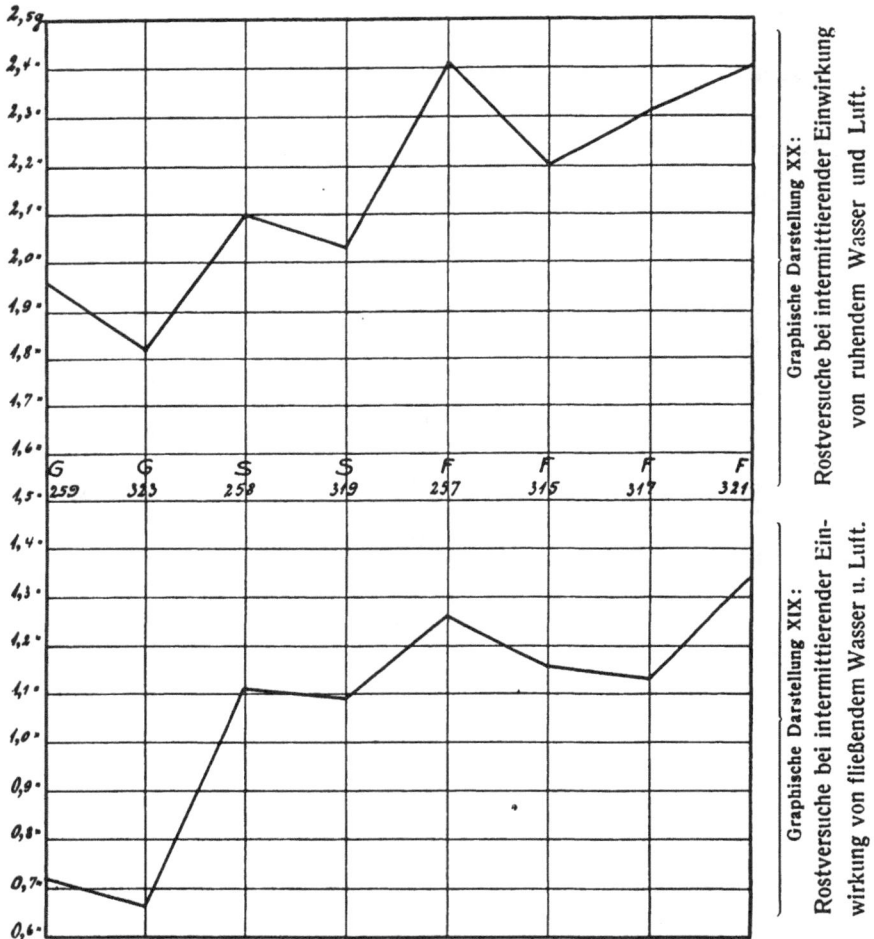

Graphische Darstellung XX:
Rostversuche bei intermittierender Einwirkung von ruhendem Wasser und Luft.

Graphische Darstellung XIX:
Rostversuche bei intermittierender Einwirkung von fließendem Wasser u. Luft.

Rostvorgang fünftägig durch Abspülen der gebildeten Rostschichten unterbrochen. Ein entsprechender Versuch wurde ferner in fließendem Wasser ohne Unterbrechung des Rostverlaufes durchgeführt. Die Ergebnisse der Versuche sind in den Tabellen XVIII, XIX, XX und in den Kurven XVIII bis XX dargestellt und zwar in der Darstellung XVIII der auf Grund der intermediären Bestimmungen festgestellte Rostverlauf, in Kurve XX die schließlichen Gesamtgewichtsabnahmen des unterbrochenen Versuches in ruhendem Wasser und Luft und in Darstellung XIX die durch den Versuch in fließendem Wasser und in Luft erhaltenen Verluste.

Der Rostverlauf der Kurven auf XVIII beweist zunächst, daß auch unter den vorliegenden Bedingungen eine prinzipielle Beeinflussung des normalen, gleichmäßigen Rostfortschrittes nicht stattfand. Den Kurven auf XV, XVI und XVII gegenüber zeigt sich jedoch insofern ein besonderer Unterschied, als die gußeisernen Rohre hier im Gegensatz zu früher während des ganzen Rostverlaufes ein günstigeres Verhalten ergaben.

Im Gegensatz zu den früheren Versuchen in fließendem Wasser, bei welchen die gußeisernen Rohre die größere Gewichtsverminderung zeigten, als die schmiedeeisernen Rohre, wurde also im vorliegenden Falle bei wechselnder Berührung von fließendem Wasser und Luft eine größere Widerstandsfähigkeit der gußeisernen Rohre gegen Rosteinwirkungen ermittelt.

Auch für diese Erscheinung geben die schon wiederholt erörterten Gesichtspunkte eine Erklärung. Denn die während der ersten 24 Stunden des Rostens im Wasser entstandene Rostschicht, welche aus den mehrfach erörterten Gründen die gußeisernen Rohre stärker und gleichmäßiger bedeckte als die schmiedeeisernen Rohre, fand während der folgenden 24 stündigen Rostperiode an der Luft mehr Gelegenheit, sich in die ungleichmäßige und rauhere Oberfläche des gußeisernen Rohres festzusetzen; infolgedessen vermochte die auf den gußeisernen Rohren gebildete Rostschicht ihre schützende Wirkung unter den vorliegenden Bedingungen vollkommener auszuüben; die Rostschicht haftet immerhin so fest, daß das bei der Unterbrechung des Rostverlaufes vorgenommene vorsichtige Abbürsten oder die spätere Einwirkung des fließenden Wassers sie nicht zu beeinflussen vermochte.

Es folgt aus den Versuchen:

Daß die wechselnde Berührung zwischen Wasser und Luft keinen wesentlichen Einfluß auf die Gleichmäßigkeit des Rostfortschrittes ausübte, daß aber unter diesen Verhältnissen die gußeisernen Rohre innerhalb der Versuchszeit geringere Rosteinwirkungen zeigten als die schmiedeeisernen Rohre.

B. Verhalten der Rohre in wässerigen Salzlösungen.

Für die Versuche in Salzlösungen wurden in erster Linie Salze gewählt, deren Einwirkungen Eisenrohre bei den Rostvorgängen in der Praxis ausgesetzt sein können, d. h. also die in den Wässern der Hauswirtschaft, der Technik und des Bodens gelösten anorganischen Verbindungen, hauptsächlich Chloride, Sulfate, Phosphate, Carbonate des Natriums, Magnesiums und Calciums. Zur Vervollständigung und aus wissenschaftlichem Interesse wurden diesen Salzen noch einige andere hinzugefügt.

Da, wie schon in der Einleitung erwähnt wurde, der Rostvorgang des Eisens nicht nur von der Art, sondern auch von der Konzentration der im Wasser gelösten Stoffe abhängig ist, wurden, um ein möglichst abschließendes Gesamtbild der Wirkungsweise einzelner Salze zu erlangen, verschiedene Konzentrationen der Versuchslösungen gewählt, und zwar als

Konzentration I: Die von Heyn[1]) als »kritische Konzentration« bezeichnete Lösung, welche die stärkste Rosteinwirkung auf das Eisen ausübte (in den Kurven mit A [Äquivalent] bezeichnet).

Konzentration II: Eine $1/_{100}$-Normallösung des Salzes ($A \cdot 10^{-2}$).

Konzentration III: Eine $1/_{10000}$-Normallösung ($A \cdot 10^{-4}$), so daß also die Lösungen II ein $1/_{100}$-Molekül und die Lösungen III ein $1/_{10000}$-Molekül der betreffenden Salze pro Einheit gelöst enthielten.

Die Versuche wurden in den gleichen runden Glaszylindern vorgenommen, in welchen die unter A aufgeführten Rostversuche (Seite 10 f.) in Wasser durchgeführt wurden. Auch das Versuchsmaterial, die Versuchsanordnung und alle zu beobachtenden Kauteln waren die gleichen, wie sie schon im ersten Teil dieser Arbeit erwähnt wurden. Nur war eine gleichzeitige Durchführung der gesamten Versuche bei ihrer großen Anzahl sowohl aus technischen wie aus räumlichen Rücksichten nicht möglich. Im übrigen sind die event. dadurch entstehenden Versuchs-

---

[1]) Heyn und Bauer, Mitteilungen aus dem Kgl. Materialprüfungsamt 1908 und 1910.

fehler, wie die Heynschen Untersuchungen[1]) gezeigt haben und wie auch nicht anders anzunehmen ist, derartig gering, daß sie die Beurteilung der Ergebnisse nicht zu beeinflussen vermögen, zumal bei der auf den verhältnismäßig langen Zeitraum ausgedehnten Versuchsdauer ein gewisser Ausgleich stattfand. Die Versuche mit einer und derselben Salzlösung in den drei erwähnten verschiedenen Konzentrationen wurden selbstverständlich zu gleicher Zeit vorgenommen.

Die Salzlösungen wurden durch Auflösen der abgewogenen berechneten Menge des Salzes in der abgemessenen Menge gewöhnlichen destillierten Wassers hergestellt. Eine Erneuerung des Elektrolyten wurde bei allen Versuchen in den Salzlösungen nicht vorgenommen.

Die Versuche erstreckten sich, wie schon erwähnt, auf einen Zeitraum von 30 Tagen.

Eine Ausdehnung der Versuche auf einen längeren Zeitraum wäre an sich wünschenswert gewesen; indessen war eine derartige Durchführung aller Versuchsreihen nicht möglich, da der Umfang der Arbeit aus verschiedenen Gründen eine Beschränkung erfahren mußte.

Bei einigen Versuchen ist eine Fortführung teils mit einfachen Salzen, teils mit Salzgemischen eingeleitet, aus deren Ergebnissen schon jetzt geschlossen werden kann, daß Art und Intensität des Angriffes durch längere Zeit dauernde Einwirkungen der Agenzien Modifikationen erfahren können. Auch vermögen einige Salze in ihrer Wirkung sich gegenseitig zu verstärken, zu ergänzen oder abzuschwächen, Verhältnisse, welche neuerdings auch von H e y n und B a u e r erörtert worden sind.

Da in der Praxis nur selten die Salze rein vorkommen und meist Salzgemische in verschiedenen Kombinationen und Konzentrationen in Frage stehen, können die nachstehenden Versuche nur einen mehr theoretischen Wert haben. Die Versuche mußten aber durchgeführt werden, um die Wirkung der einzelnen Salze festzustellen, ehe Versuche mit Salzgemischen durchgeführt werden; auch hier sollen die Versuche nur Anhaltspunkte für die Praxis geben. Für die nachstehenden Versuche gilt in noch höherem Grade die für alle Ergebnisse dieser Veröffentlichung schon gemachte Einschränkung, daß die gezogenen Schlußfolgerungen nur unter Berücksichtigung der besonderen Versuchsanordnung und verwendeten Salze, ihrer Konzentration, der kurzen Zeitdauer der Versuche und der jeweils zu den Versuchen verwendeten Eisensorten Gültigkeit haben, und daß es auf keinen Fall zulässig ist, aus einzelnen Versuchsergebnissen für alle Fälle der Praxis gültige Schlußfolgerungen zu ziehen.

---

[1]) Mitteilungen aus dem Kgl. Materialprüfungsamt 1910.

Um eine vergleichende Grundlage für die Beurteilung der durch die verschiedenen Salzlösungen hervorgerufenen Wirkungen zu gewinnen, ist bei den graphischen Darstellungen ein gleichzeitig und unter gleichen Bedingungen angesetzter Rostversuch in stehendem destillierten Wasser ohne Unterbrechung durch eine Kurve 10 [6] veranschaulicht worden. Auch dieser Versuch im destillierten Wasser bietet aus den schon erwähnten Gründen keine maßgeblichen Zahlen für die dauernde Rostneigung der untersuchten Rohrgattungen. Bei längerer Versuchsdauer würden sich auch bei den Versuchen mit den Oberflächenschichten ähnliche Verhältnisse ergeben, wie sie Heyn und Bauer mit blank polierten Stücken erhalten haben.

VIII.—X.

Verhalten der Rohre in Lösungen von Natriumchlorid, Natriumsulfat und Natriumnitrat.

Die Ergebnisse der Versuche mit Natriumchlorid sind in Tabelle XXI zahlenmäßig und in der graphischen Darstellung XXI graphisch wiedergegeben; die einzelnen Konzentrationen sind sowohl aus der Tabelle wie aus der Kurve ersichtlich; die gleichen Bezeichnungsweisen wurden auch bei den übrigen Versuchsdarstellungen der Salzlösungen eingehalten.

Eine Vergleichung der Kurven zeigt zunächst, daß der für das Verhalten der Rohre im destillierten Wasser (ohne Unterbrechung) charakteristische anfängliche Rostverlauf, d. h. die geringe Gewichtsabnahme der gußeisernen Rohre, die größere Gewichtsabnahme der Schmiedeeisenrohre auch bei den Versuchen in den Natriumchloridlösungen in die Erscheinung trat. Eine Abweichung machte sich bei den schweißeisernen und flußeisernen Rohren insofern bemerkbar, als die flußeisernen Rohre in den Chloridlösungen sich günstiger verhielten.

Den größten Gewichtsverlust erfuhren die Rohre in den Lösungen der kritischen Konzentration, den geringsten in den $1/_{100}$-Normallösungen. Der Angriff der $1/_{10000}$-Normallösungen war ungefähr gleichwertig mit dem im destillierten Wasser erhaltenen.

Wenig abweichende Verhältnisse zeigte der Rostverlauf in den entsprechenden Natriumsulfatlösungen (Tabelle und Kurve XXII); nur war hier der Angriff der $1/_{10000}$Normallösung meist stärker als der in der kritischen Konzentrationslösung, während anderseits der Angriff des destillierten Wassers zum Teil oberhalb der Angriffskurve der kritischen Konzentration lag. Diese Erscheinungen wurden auch bei späteren Versuchen wiederholt beobachtet und lassen

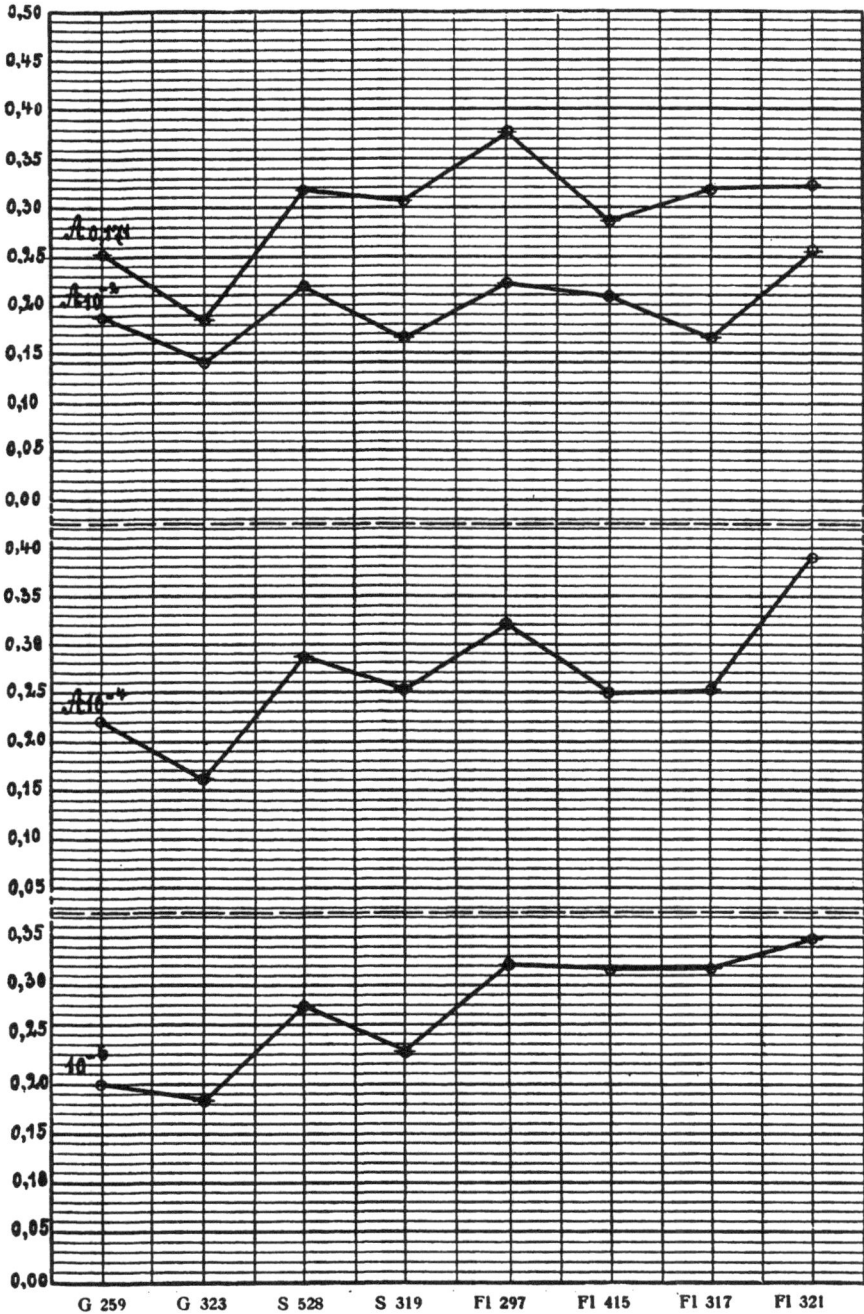

Graphische Darstellung XXI:
Verhalten der Rohre in NaCl-Lösungen.

4*

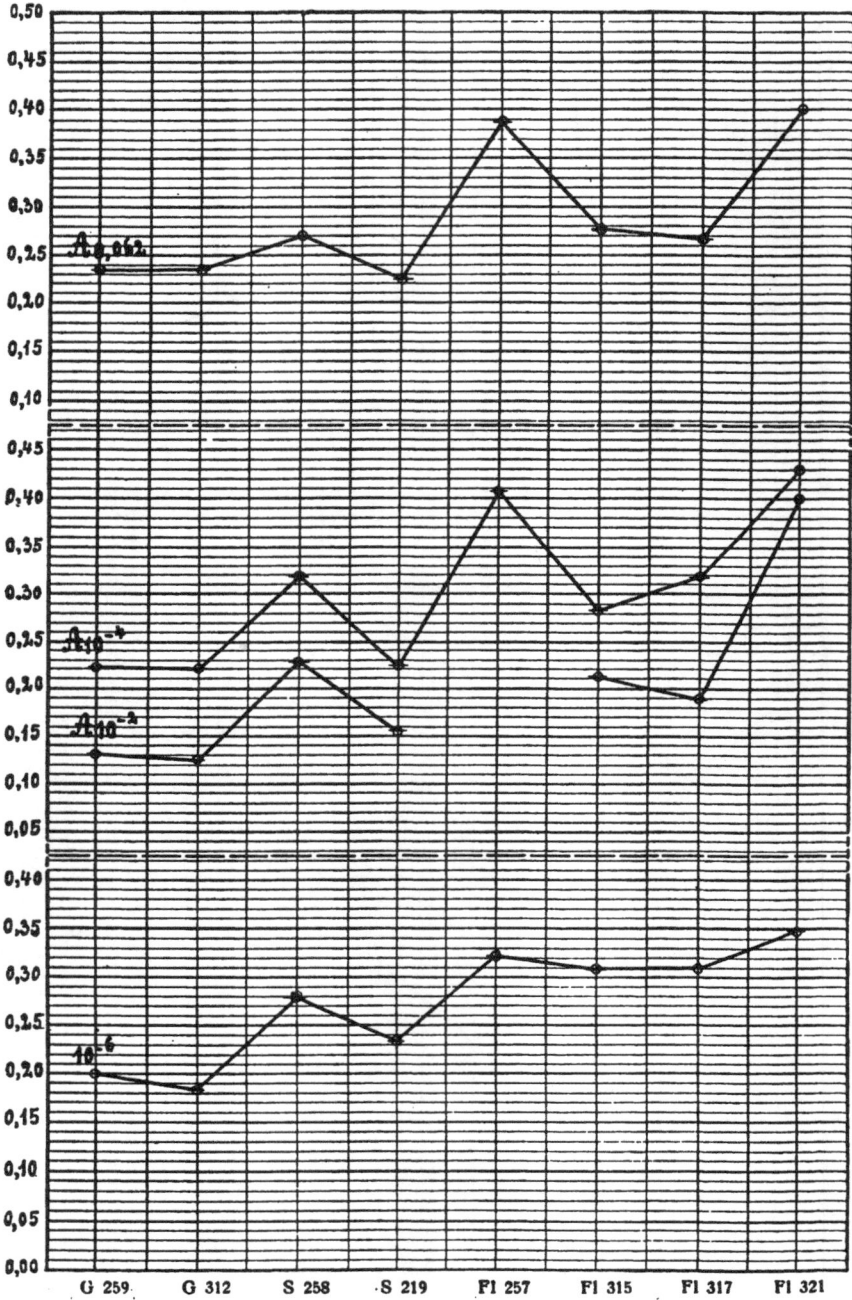

Graphische Darstellung XXII:
Verhalten der Rohre in Na_2SO_4-Lösungen.

vermuten, daß die kritische Konzentration keinen absoluten Fixpunkt darzustellen pflegt, welcher allein durch einen bestimmten Gehalt der betreffenden Lösung bedingt wäre, sondern daß ihre Wirkung auch von dem Charakter der Eisensorte abhängig und daher bei den verschiedenen Eisensorten variabel ist.

Bei den entsprechenden Versuchen in N a t r i u m n i t r a t (Tabelle und Kurve XXIII) war die Einwirkung der kritischen Konzentration gegenüber den anderen Lösungen wesentlich größer als bei den Versuchen mit Natriumchlorid und Natriumsulfat; auch war der Angriff der Natriumnitratlösungen absolut größer. Bei diesem Versuche wurde die Beobachtung, daß die $1/_{100}$-Normallösung bezüglich ihrer Angriffsfähigkeit zwischen der kritischen und der $1/_{10\,000}$-Normallösung steht, nicht gemacht; die Lösungen des Natriumnitrats wiesen annähernd den gleichen Grad der Einwirkung auf die Rohre auf.

Die Rostbildung erfolgte bei den sämtlichen Versuchen in den Natriumsalzlösungen gleichmäßig auf der gesamten Oberfläche der Versuchsstücke, wobei der auf den gußeisernen Probestücken entstandene Rost von dunkelroter Färbung war, während die flußeisernen Rohrstücke einen mehr ins Grünlichgelbe schimmernden Rostbelag zeigten. Der in den Sulfatlösungen gebildete Rost war von dichterer und weniger voluminöser Beschaffenheit, als der in den Nitrat- und Chloridlösungen beobachtete. Die verschiedene Färbung des Rostes rührt wahrscheinlich zum Teil von der verschieden großen Hydratisierung des Eisenoxydhydrates und von der Art und Größe von Beimengungen her, und es erscheint nicht unmöglich, daß die Beschaffenheit der einzelnen Rohrsorten für die Bildung verschieden hydratisierter Eisenoxyde von Bedeutung sein kann.

Aus den in den Natriumsalzlösungen erhaltenen Versuchsergebnissen lassen sich folgende Schlüsse ziehen:

Der charakteristische Rostverlauf eiserner Rohre in stehendem destilliertem Wasser zeigte in den Lösungen der Chloride, Sulfate und Nitrate des Natriums keine prinzipielle Abweichung.

Im allgemeinen war der Angriff bei einem Gehalt der Lösung, welcher der kritischen Konzentration entspricht, am größten. Die beobachteten Ausnahmen von dieser Regel beweisen, daß die kritische Konzentration nicht ein, durch einen bestimmten Gehalt der Lösungen an dem betreffenden Salze festgesetzter Fixpunkt, sondern auch von der Beschaffenheit der verwendeten Rohrgattung abhängig ist.

Die Wirksamkeit der $1/_{10\,000}$ Chlorid-, Sulfat- und Nitratlösungen war ungefähr der des destillierten Wassers gleich, während die $1/_{100}$-Normallösungen im allgemeinen einen stärkeren Angriff zeigten.

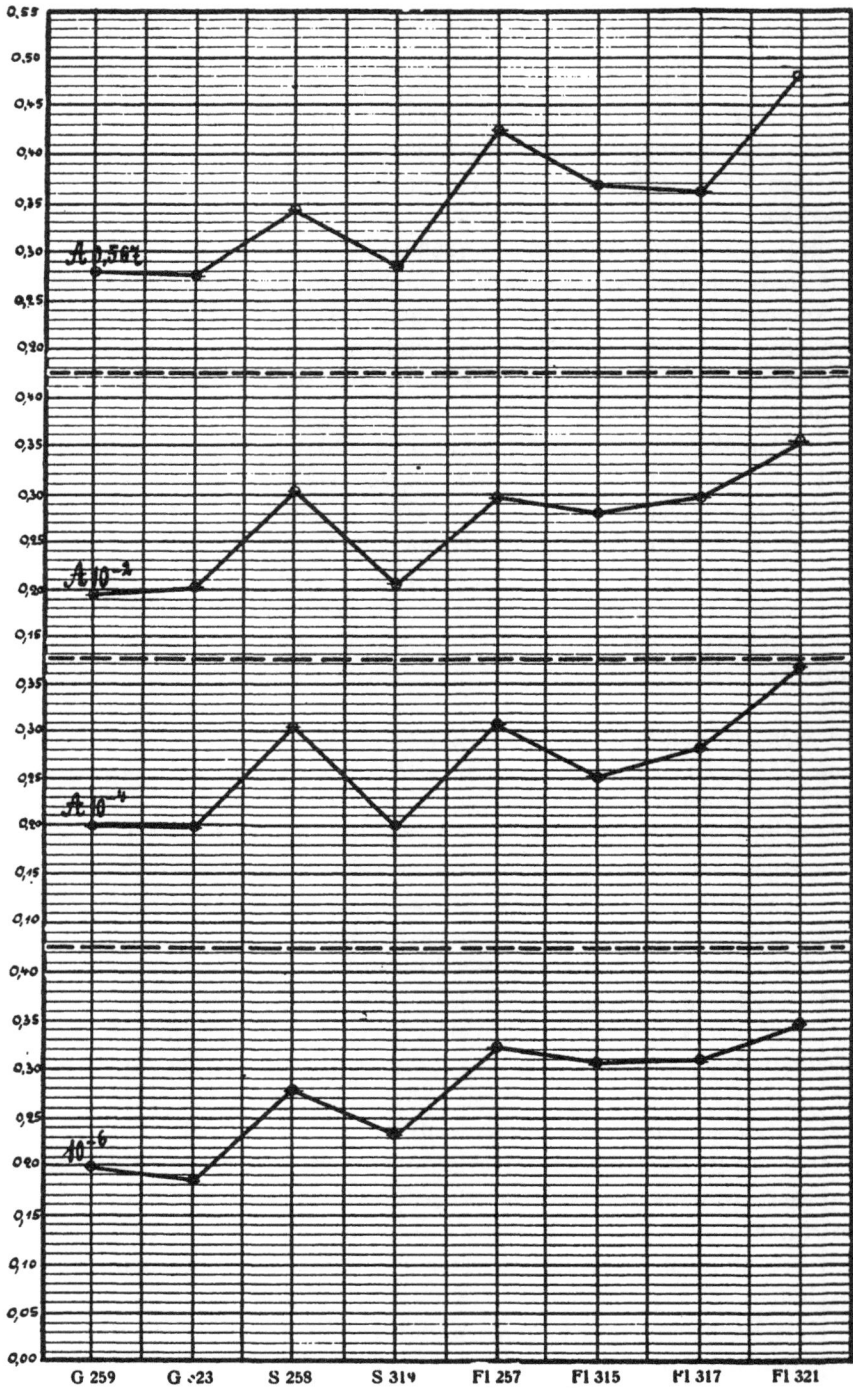

Graphische Darstellung XXIII:

Verhalten der Rohre in Na NO₃-Lösungen.

XI. und XII.
Verhalten der Rohre in Natrium-Carbonatlösungen.

Ein ähnliches Verhalten zeigten die Rohre in den N a t r i u m -
b i c a r b o n a t l ö s u n g e n (Tabelle und graphische Darstellung
XXIV). Die Rohrstücke bedeckten sich bei sämtlichen Konzentrationen bald mit einem gleichmäßigen Rostüberzuge, welcher ziemlich
fest am Eisen haftete. Die Gußeisenrohrstücke wiesen von vornherein
eine sichtbar geringere Rostneigung auf. Mit Ausnahme der Versuche
in der $^1/_{10000}$-Normalkonzentration traten in sämtlichen Lösungen starke
Trübungen von feinsuspendiertem Eisenoxyd auf.

Die festgestellten Gewichtsverluste zeigten den früheren Versuchsergebnissen gegenüber insofern eine Umkehr, als bei diesen Versuchen
die Lösungen mit der kritischen Konzentration durchgängig einen
geringeren Angriff ausübten als destilliertes Wasser, und daß auch in
den anderen Lösungen die Rostneigung im allgemeinen hinter der im
destillierten Wasser zurückblieb.

Die gußeisernen Rohrstücke erfuhren in diesen Lösungen eine geringere Gewichtsverminderung. Dies zeigte sich insbesondere bei den
kritischen Lösungen des Natriumbicarbonats gegenüber den kritischen
Lösungen der untersuchten Salze; während der Verrostungsgrad der
Schmiederohre im Höchstfalle das doppelte Maß des der Gußrohrstücke
nicht überschritt, erreichte dieses Verhältnis bei den kritischen Konzentrationslösungen des Natriumbicarbonats das Verhältnis von ungefähr 3 : 1.

Ähnliche Erscheinungen, wie sie H e y n & B a u e r[1] an Schweißeisenblechen beobachtet haben, zeigten die Rohre in den Lösungen des
N a t r i u m c a r b o n a t s (Tabelle und graphische Darstellung XXV);
sie wiesen hierbei gegenüber den früheren Versuchen ein prinzipiell
verschiedenes Verhalten auf. Dies machte sich insbesondere durch die
starke Ausprägung des örtlichen Angriffs der Lösung mit der kritischen
Konzentration und der $^1/_{100}$-Normallösung bemerkbar. Diese Wirkung des Alkalis wurde bei der $^1/_{10000}$-Normallösung, in welcher die
sämtlichen Rohre ein gleichmäßiges Abrosten zeigten, nicht mehr
festgestellt. Während die Rohrstücke im übrigen vollkommen intakt
blieben, traten in den beiden höher konzentrierten Lösungen bei sämtlichen Versuchsstücken an einzelnen Stellen beulenartige Aufbucklungen
von schwarzgrünen Eisensauerstoffhydraten auf (Fig. 10 u. 11), welche
wahrscheinlich zum Teil wohl aus geringeren Oxydationsstufen des

---

[1] H e y n und B a u e r , Über den Angriff des Eisens durch Wasser und
wässerige Lösungen. Mitteilungen aus dem Kgl. Materialprüfungsamt 1908.

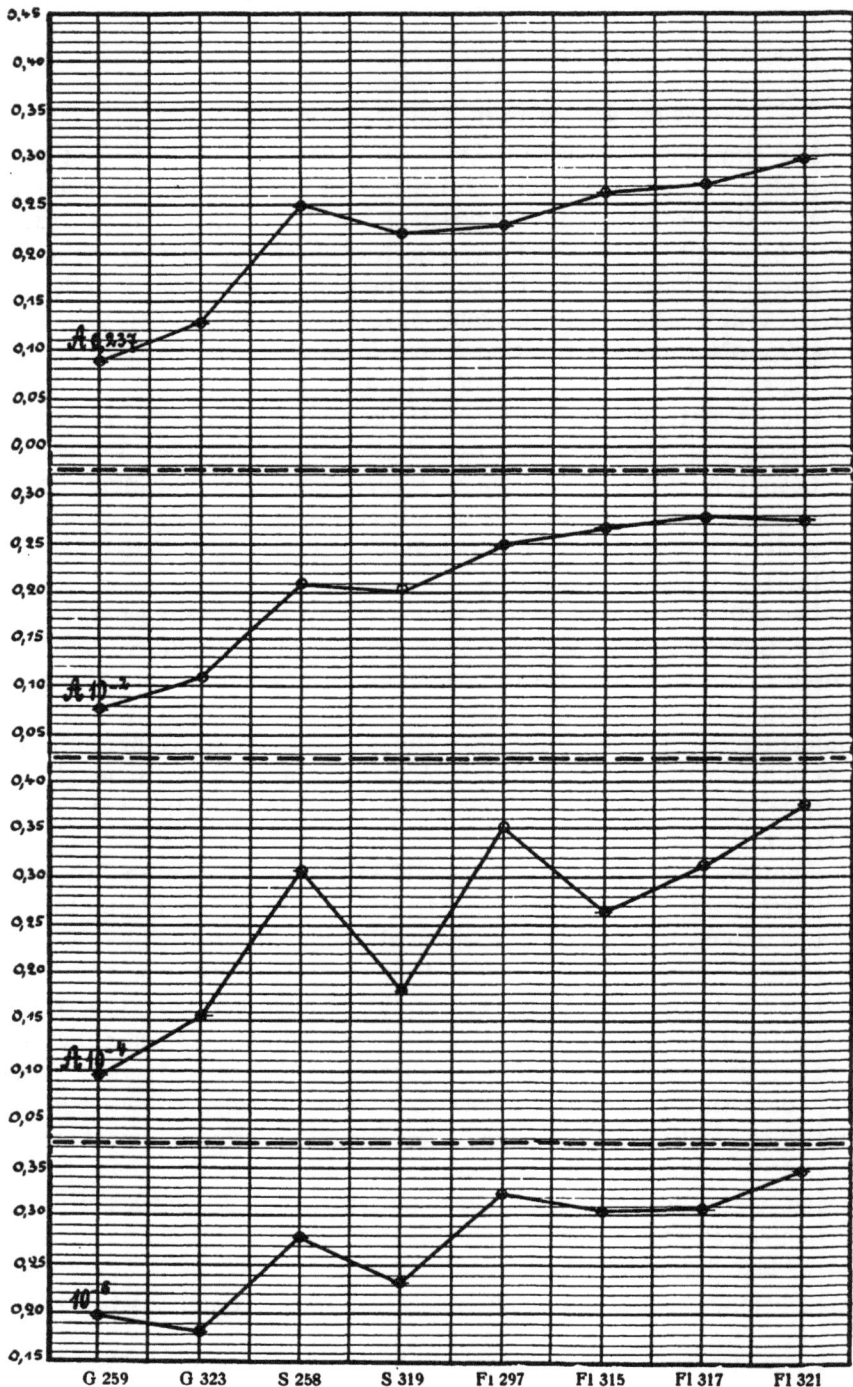

Graphische Darstellung XXIV:

Verhalten der Rohre in NaHCO₃-Lösungen.

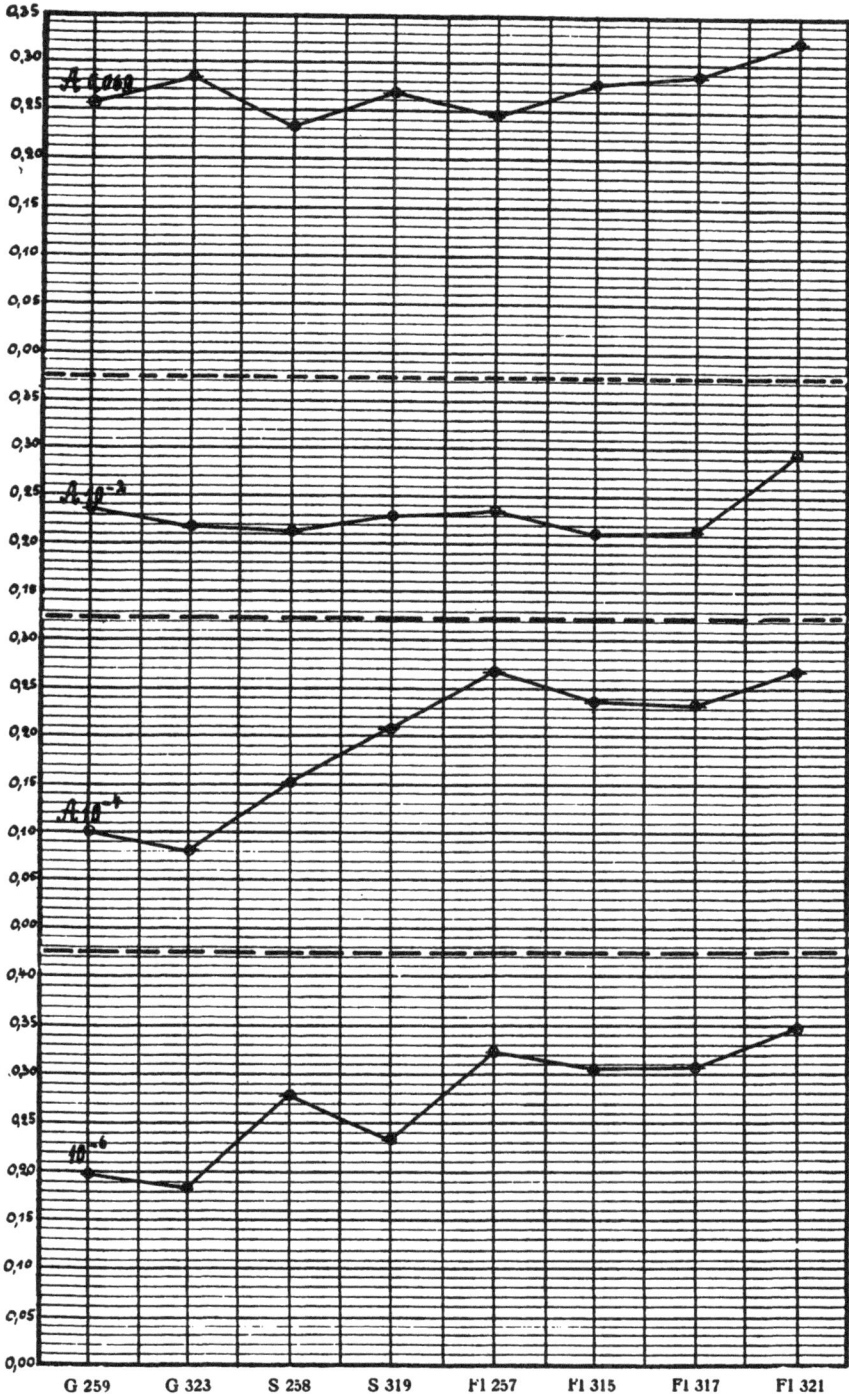

Graphische Darstellung XXV:
Verhalten der Rohre in Na₂ CO₃-Lösungen.

Eisens bestanden als das Eisenoxydulhydrat. Nach Verlauf einiger
Tage begannen diese Stellen, und zwar im indirekten Verhältnis zu den
höheren Flüssigkeitslagen, mehr oder weniger an den Rändern braun
zu werden, ein Zeichen dafür, daß die Eisenhydrate zum Teil in das
dreiwertige Eisenhydroxyd übergingen. Allmählich bedeckte sich auch
der übrige Teil der Rohroberfläche mit Rost. Eine Ausnahme hierbei
bildeten die Gußrohrstücke, welche im allgemeinen nur dunkle Farben-
töne annahmen, während feinverteiltes Eisenhydroxyd die Gefäße
erfüllte.

Gleichmäßig verhielten sich die Rohre in der $^1/_{100}$-Normallösung,
nur daß hier die Umwandlung der Eisenhydrate in Eisenhydroxyd
schneller vor sich ging.

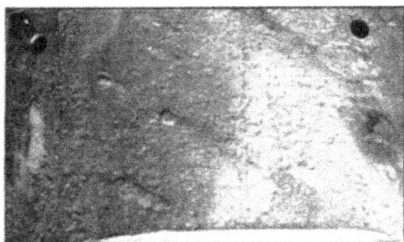

Fig. 10.

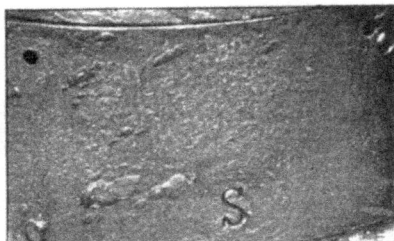

Fig. 11.

Die Rostbeulen zeigten selbst nach äußerlicher Umwandlung in
Eisenhydroxyd im Innern eine Masse eines schwärzlichen, feinkörnigen
Pulvers, welches wahrscheinlich aus einem Gemenge von niederen
hydratisierten Oxydationsstufen des Eisens bestand. Diese Zerstörungen
wiesen übrigens große Ähnlichkeit mit den charakteristischen Anfres-
sungen auf, welche häufig in Kesseln (Boilern) mit indirekter Erhitzung
des Wassers beobachtet werden.

Die festgestellten Gewichtsverminderungen (Tabelle und Kurve
XXV) beweisen zunächst in Übereinstimmung mit den einzelnen Versuchen, daß die Ansicht von der Schutzwirkung der Alkalien auf technische Eisensorten durchaus irrtümlich ist; im Gegenteil hatte bei
sämtlichen Rohrgattungen ein nicht unerheblicher Rostangriff eingesetzt. Dabei zeigte sich, daß die Widerstandsfähigkeit der Gußeisen-
und der Schmiedeeisenrohre bei den höher konzentrierten Lösungen
ungefähr gleich groß war. Der Angriff dieser Lösungen auf die Schmiederohre blieb hinter dem durch das destillierte Wasser hervorgerufenen
Einwirkungsgrad zurück, während die Gußrohrstücke einen stärkeren
Angriff als im destillierten Wasser erfuhren. In der $^1/_{10000}$-Normallösung

waren die Gewichtsverminderungen sämtlich geringer als in destilliertem Wasser.

Es ist vielfach behauptet worden, daß der Angriff des Eisens in
alkalischen Lösungen ein Gegenargument gegen die elektrolytische
Theorie des Rostens bilde, weil die alkalischen Lösungen den zur Einleitung des Rostvorganges erforderlichen dissoziierten Wasserstoff überhaupt nicht oder nur in verschwindender Menge aufweisen. Es wird
dabei übersehen, daß in alkalischen Lösungen auch ein Austausch der
Eisenionen gegen Hydroxylionen erfolgt, weil in diesen Fällen das
Eisenhydroxyd dem Alkali gegenüber gewissermaßen als Säure auf-
tritt. Auf eine ähnliche Erscheinung ist in bezug auf die Lösungsfähigkeit des Zinks in Natronlauge von N e r n s t[1]) hingewiesen.

Während also der Angriff der gußeisernen Rohre in sämtlichen
Natriumbicarbonatlösungen an und für sich gering und relativ geringer
war als in den Lösungen des Natriumchlorids, Natriumsulfats und
Natriumnitrats, traf mit Ausnahme der $1/10000$ - Normallösung der
durch Natriumcarbonat ausgeübte Angriff die gußeisernen und die
schmiedeeisernen Rohre in annähernd gleichmäßiger Stärke.

XIII.
Verhalten der Rohre in Natriumphosphatlösungen.

Eine äußerlich dem Natriumcarbonat ähnliche Wirkung zeigten
die Natriumphosphatlösungen ($Na_2 HPO_4$), indem auch hier die kri-

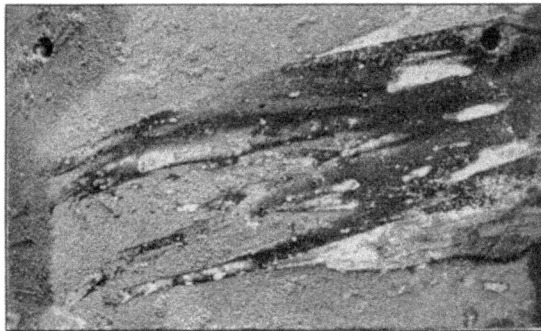

Fig. 12.

tische Lösung und die $1/100$-Normallösungen starken örtlichen Angriff
ausübten; allerdings traten in diesem Falle die lokalen Rosterscheinungen nicht beulenartig, sondern in Form von grünweißlichen, erhabenen

---

[1]) N e r n s t , Theoretische Chemie 1910.

Streifen von Eisenoxydulhydrat und Ferrophosphat auf, wie aus den beigefügten Abbildungen (Fig. 12 bis 15) ersichtlich ist. Diese Streifen

Fig. 13.

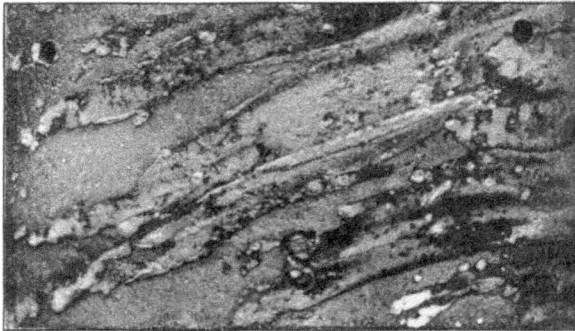

Fig. 14.

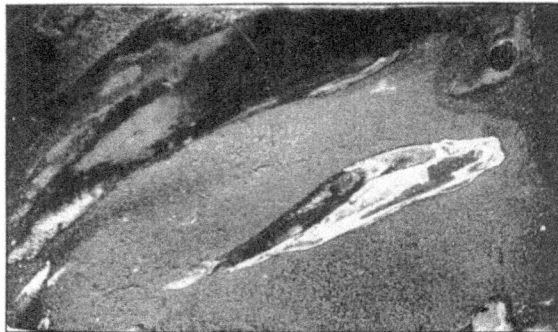

Fig. 15.

nahmen allmählich am Rande infolge Bildung von Eisenhydroxyd braune Töne an, doch war diese Bildung nur teilweise zu beobachten,

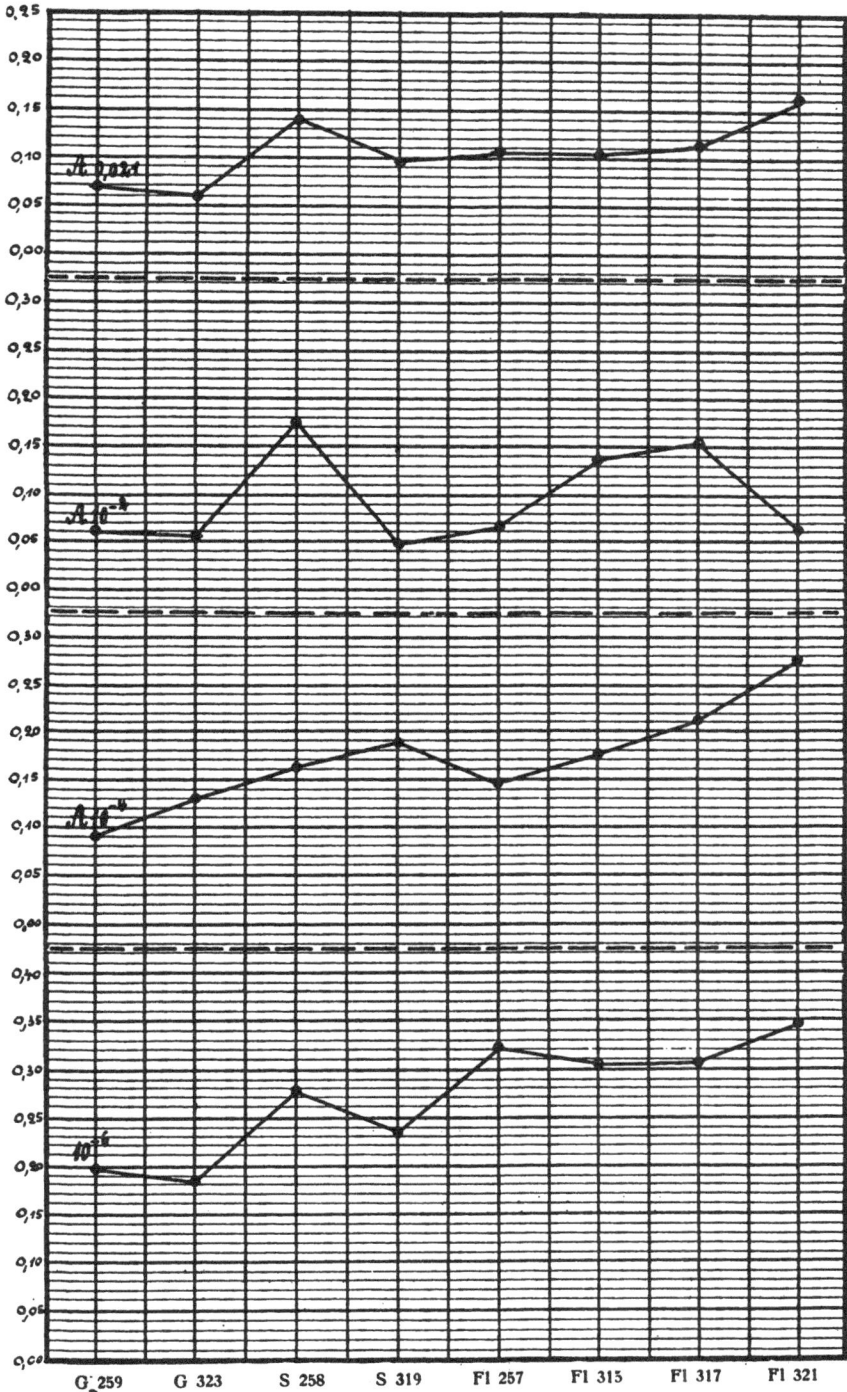

Graphische Darstellung XXVI:
Verhalten der Rohre in Na₂ HPO₄-Lösungen.

der weitaus größte Teil der Streifen behielt die grünweißliche Färbung bis zum Ende des Versuches bei. Die Lösungen erfüllten sich allmählich mit einem Niederschlag von milchigem Eisenphosphat.

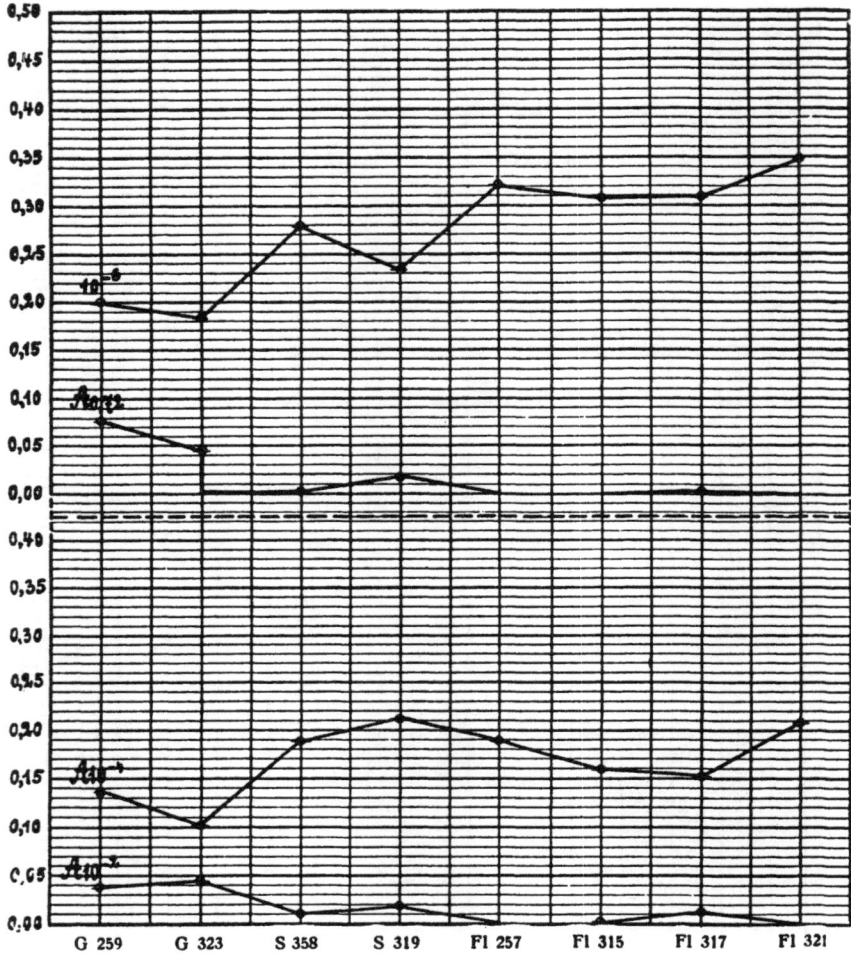

Graphische Darstelluug XXVII:

Verhalten der Rohre in $NaNO_2$-Lösungen.

Gleiche Erscheinungen wies die $\frac{1}{100}$-Normallösung auf, nur mit dem Unterschiede, daß hier überhaupt keine Oxydbildung oder eine stärkere Trübung der Lösung erfolgte.

Die $\frac{1}{10000}$-Normallösungen zeigten, wie auch bei den vorhergehenden Versuchen, ein gleichmäßiges Rosten.

In quantitativer Beziehung blieben die Gewichtsverminderungen (Tabelle und graphische Darstellung XXVI) bei sämtlichen Natriumphosphatlösungen weit hinter denen durch destilliertes Wasser bedingten zurück. Im allgemeinen ergaben die Gußrohrstücke geringere Gewichtsverluste, wenn auch die Unterschiede der einzelnen Rohrsorten nicht so prägnant hervortraten als bei den vorhergehenden Versuchen.

XIV.

Verhalten der Rohre in Natriumnitritlösungen.

Entsprechende Versuchsreihen mit Natriumnitrit ergaben die auffallende Erscheinung, daß in der Lösung mit der Höchstkonzentration ein Rosten der schmiedeeisernen Rohre überhaupt nicht oder nur in sehr untergeordnetem Grade eintrat. Es muß angenommen werden, daß in diesem Falle die kritische Konzentration bei den Schmiederohren noch nicht erreicht war. Die Ergebnisse beweisen jedenfalls wieder, daß der Wert der kritischen Konzentration bei den einzelnen Rohren unter Umständen innerhalb weiter Grenzen variabel ist. Wahrscheinlich lag im vorliegenden Falle die kritische Konzentration des Natriumnitrits für die schmiedeeisernen Rohre bei einem weit niedrigeren Gehalt des Salzes, als es bei den gußeisernen Rohren der Fall war. Infolgedessen zeigten die gußeisernen Rohre bei der gewählten Konzentration bereits starke Rosterscheinungen, die Schmiedeeisenrohre dagegen noch nicht.

In der $^1/_{10\,000}$-Normallösung machte sich der Einfluß des Natriumnitrits nicht mehr bemerkbar, da dort die gußeisernen Rohre eine geringere Rostung den schmiedeeisernen Rohren gegenüber ergaben. Der Grad des Rostangriffs blieb auch hier weit hinter dem im destillierten Wasser festgestellten zurück. (Tabelle und graphische Darstellung XXVII.)

XV.—XVII.

Verhalten der Rohre in Lösungen von Ammoniumsalzlösungen.

Ein in jeder Beziehung von den bisherigen Versuchsergebnissen abweichendes Verhalten zeigten die Rohre in Lösungen der Ammoniumsalze. Als Versuchslösungen dienten Ammoniumchlorid, Ammoniumsulfat und Ammoniumnitrat.

Es wurde zunächst die schon bekannte Tatsache bestätigt, daß der Angriff von Ammoniumsalzlösungen auf Eisen ein sehr starker ist, und zwar wurde beim Ammoniumnitrat die größte Angriffsfähigkeit festgestellt. (Tabelle und graphische Darstellung XXX.)

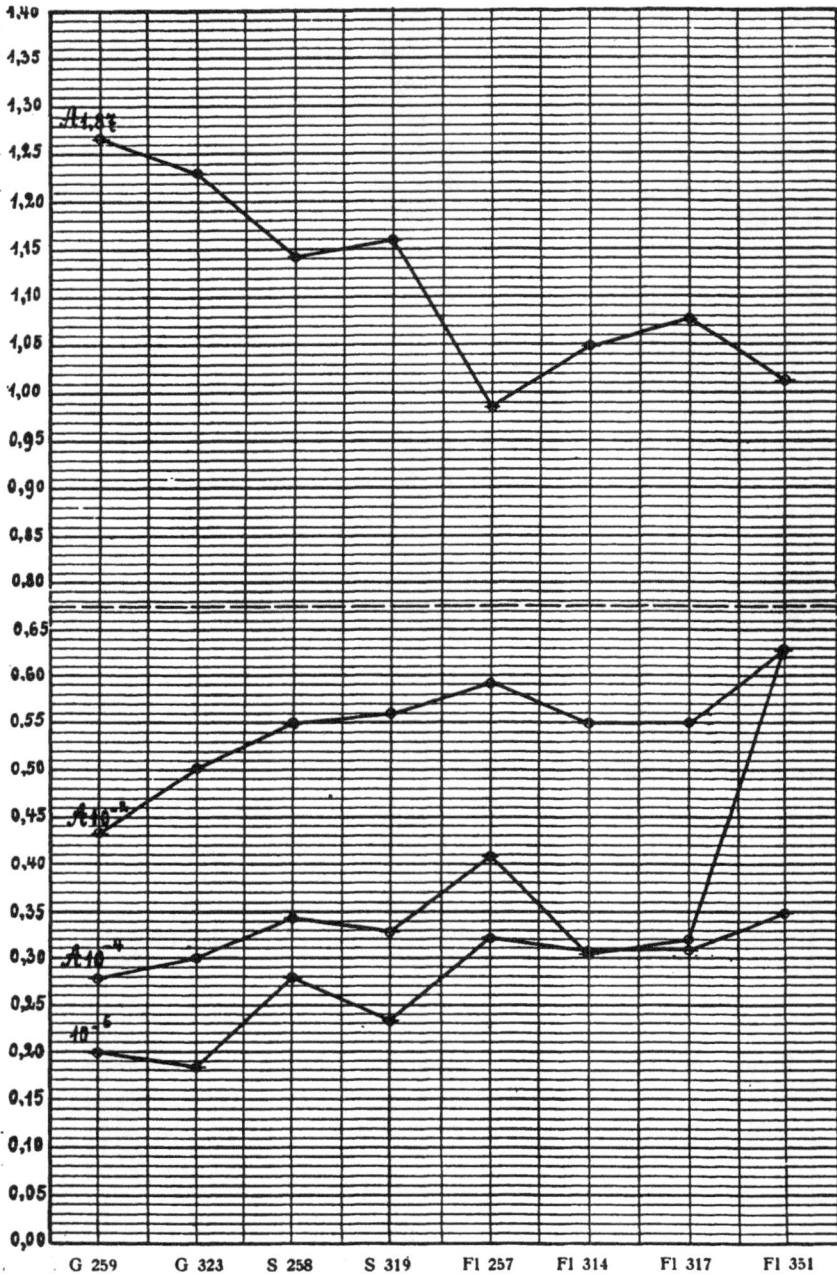

Graphische Darstellung XXVIII:

Verhalten der Rohre in NH₄ Cl-Lösungen.

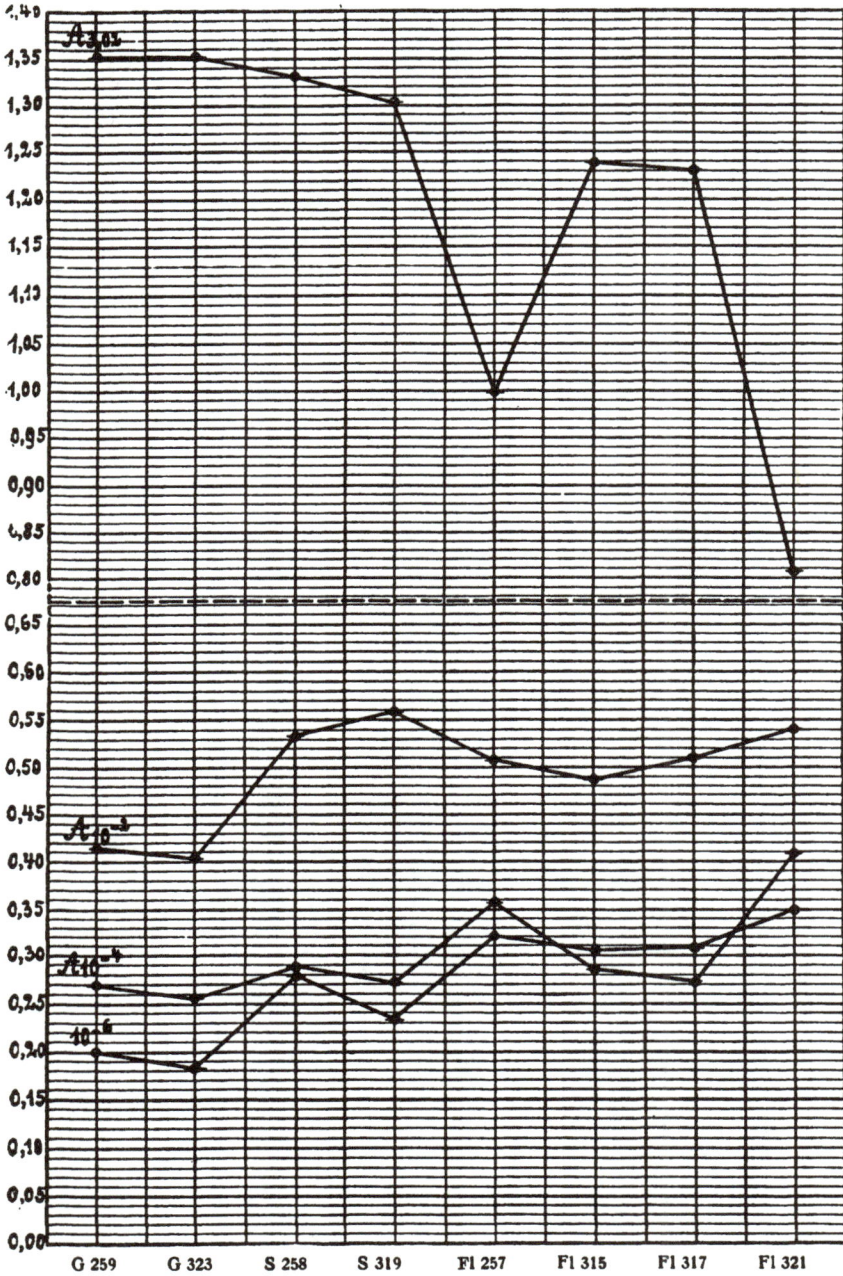

Graphische Darstellung XXIX:
Verhalten der Rohre in (NH₄)₂ SO₄-Lösungen.

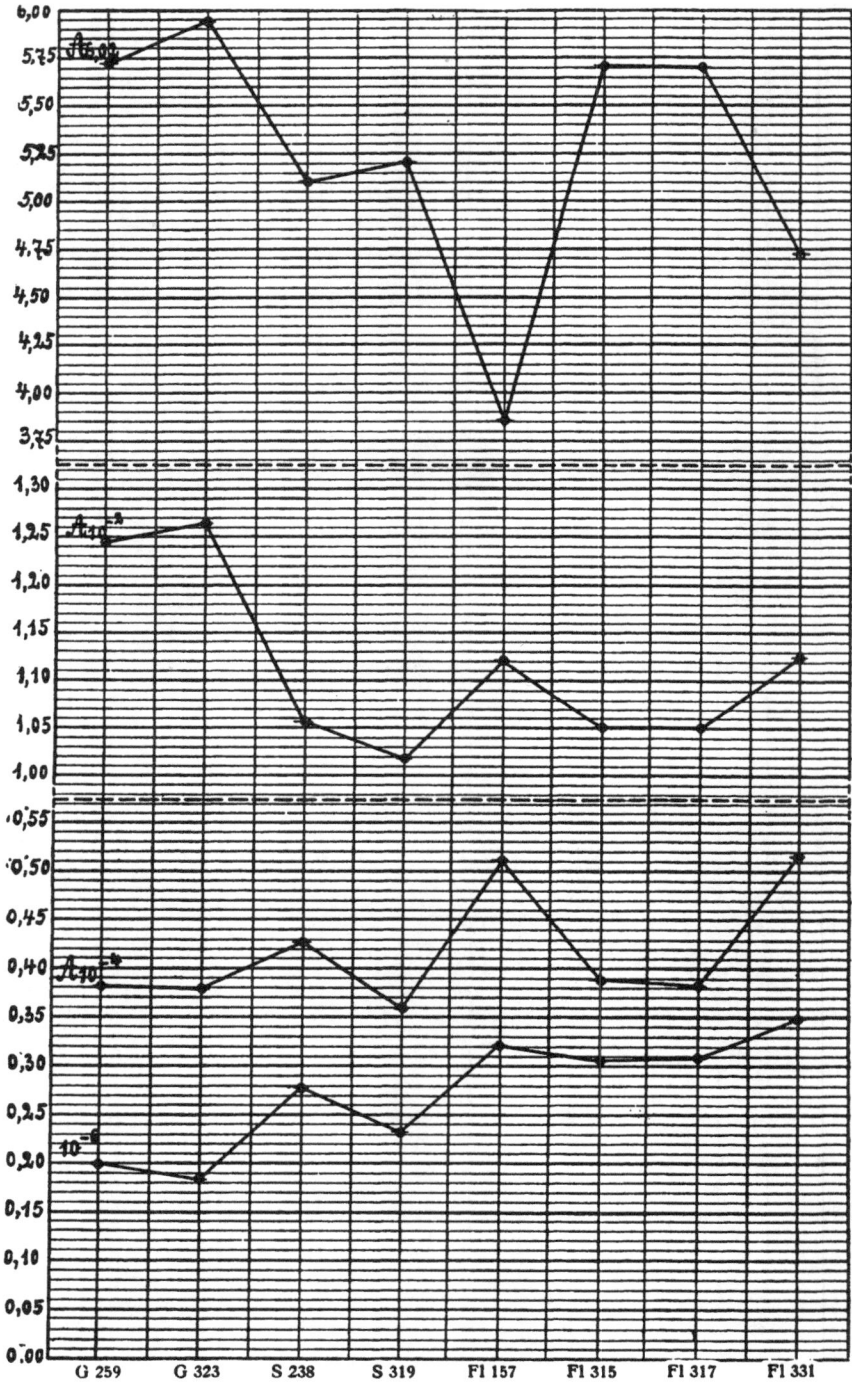

Graphische Darstellung XXX:
Verhalten der Rohre in $NH_4 NO_3$-Lösungen.

Bemerkenswert war auch hier die Beobachtung, daß der Angriff der kritischen Ammoniumsalzlösungen im Gegensatz zu den bisherigen Ergebnissen bei den Gußeisenrohren sehr viel größer war. Wird der stärkere Angriff der Ammoniumsalze auf die Höhe der Wasserstoffkonzentration der Lösung zurückgeführt, so wird hierdurch die bereits früher ausgesprochene Behauptung bestätigt, daß die Erhöhung der Wasserstoffkonzentration in dem Rostungsmedium die gußeisernen Rohre sehr viel ungünstiger beeinflußt als die schmiedeeisernen Rohre. Die starke Wasserstoffentwicklung beim Einbringen der Rohrstücke in die Ammoniumsalzlösungen läßt die Annahme, daß das Rosten des Eisens im vorliegenden Falle primär durch Wasserstoffaustausch vor sich ging, sehr wahrscheinlich erscheinen. Die flußeisernen Rohre ergaben im Gegensatz zu den früheren Versuchen eine geringere Gewichtsabnahme. Auch dies dürfte darauf zurückzuführen sein, daß eine Erhöhung der Wasserstoffkonzentration schmiedeeiserne Rohre weniger ungünstig beeinflußt als gußeiserne Rohre. Es erscheint somit die Schlußfolgerung nicht ungerechtfertigt, daß in den kritischen Konzentrationen der Ammoniumsalze das Verhalten der einzelnen Rohrarten den Natriumverbindungen gegenüber eine vollkommene Umkehr erfährt.

Die stärkere Angriffsfähigkeit auf die gußeisernen Rohre war fast sämtlichen Konzentrationen der Ammoniumsalze gemein; eine Ausnahme machten die $1/100$-Normallösungen, bei welchen nur bei dem Ammoniumnitrat der gleiche größere Angriff auf die Rohrsegmente beobachtet wurde. Beim Ammoniumchlorid und Ammoniumsulfat ist der Einfluß bei dieser Konzentration schon so abgeschwächt, daß der gewöhnliche Verlauf der Rosterscheinung zu beobachten war.

Die $1/10000$-Normallösung zeigte einen gleichen Rostverlauf wie der im destillierten Wasser. Die Wirksamkeit der gelösten Ammoniumsalze trat nur noch soweit auf, als der Angriff absolut stärker war als im destillierten Wasser, und zwar insbesondere beim Ammoniumnitrat.

Es folgt aus diesen Versuchen:

In den höher konzentrierten Lösungen des Ammoniumchlorids, Ammoniumsulfats, Ammoniumnitrats rosteten gußeiserne Rohre im Gegensatz zu den entsprechenden Lösungen der Natriumsalze stärker als schmiedeeiserne Rohre. Der Angriff war beim Ammoniumnitrat am stärksten.

XVIII.—XXI.
Verhalten der Rohre in Calcium- und Magnesiumsalzen.

Neben den Alkalien kommen in den Gebrauchswässern gewöhnlich Verbindungen des Calciums und Magnesiums vor. Die folgenden Versuche dienten zur Feststellung des Einflusses der Chloride und Sulfate dieser Metalle auf den Rostprozeß der Rohre.

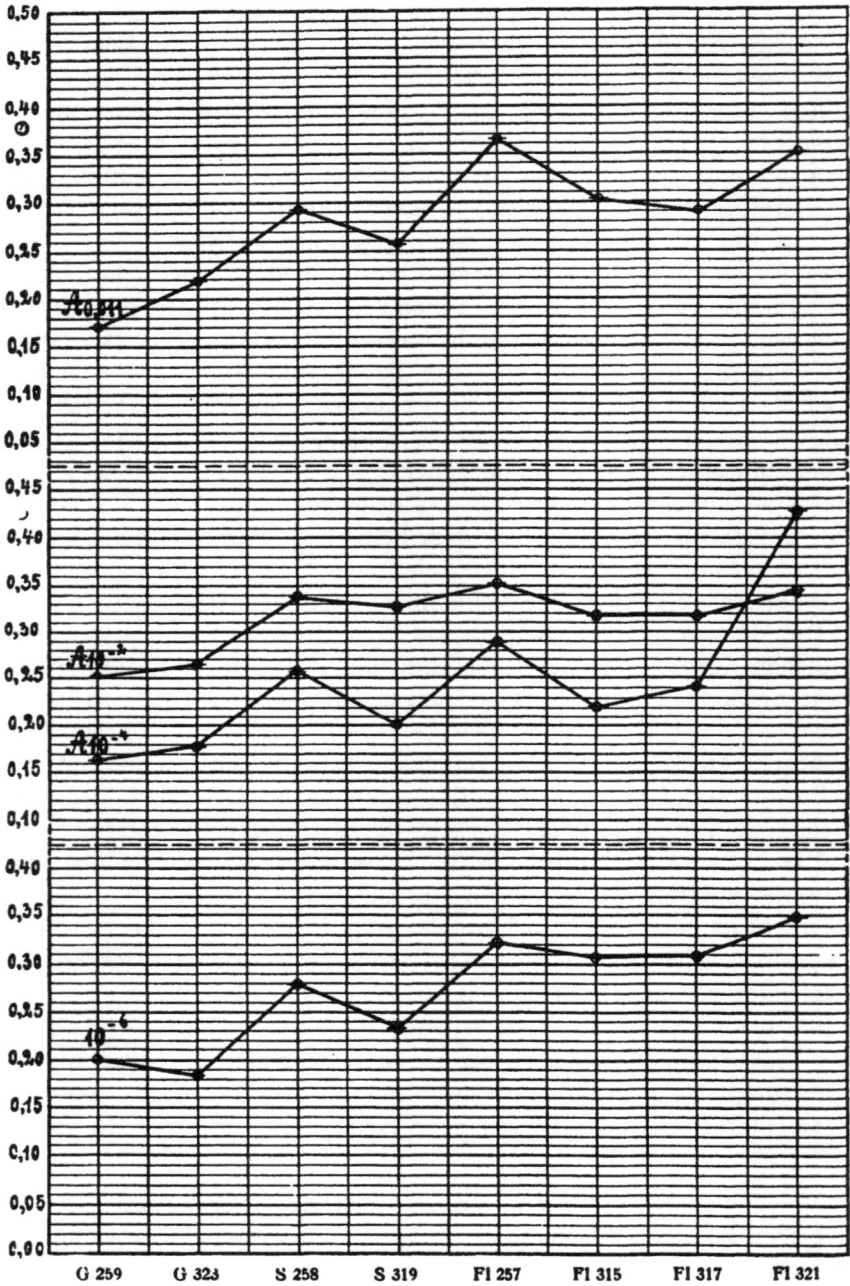

Graphische Darstellung XXXI:
Verhalten der Rohre in CaCl₂-Lösungen.

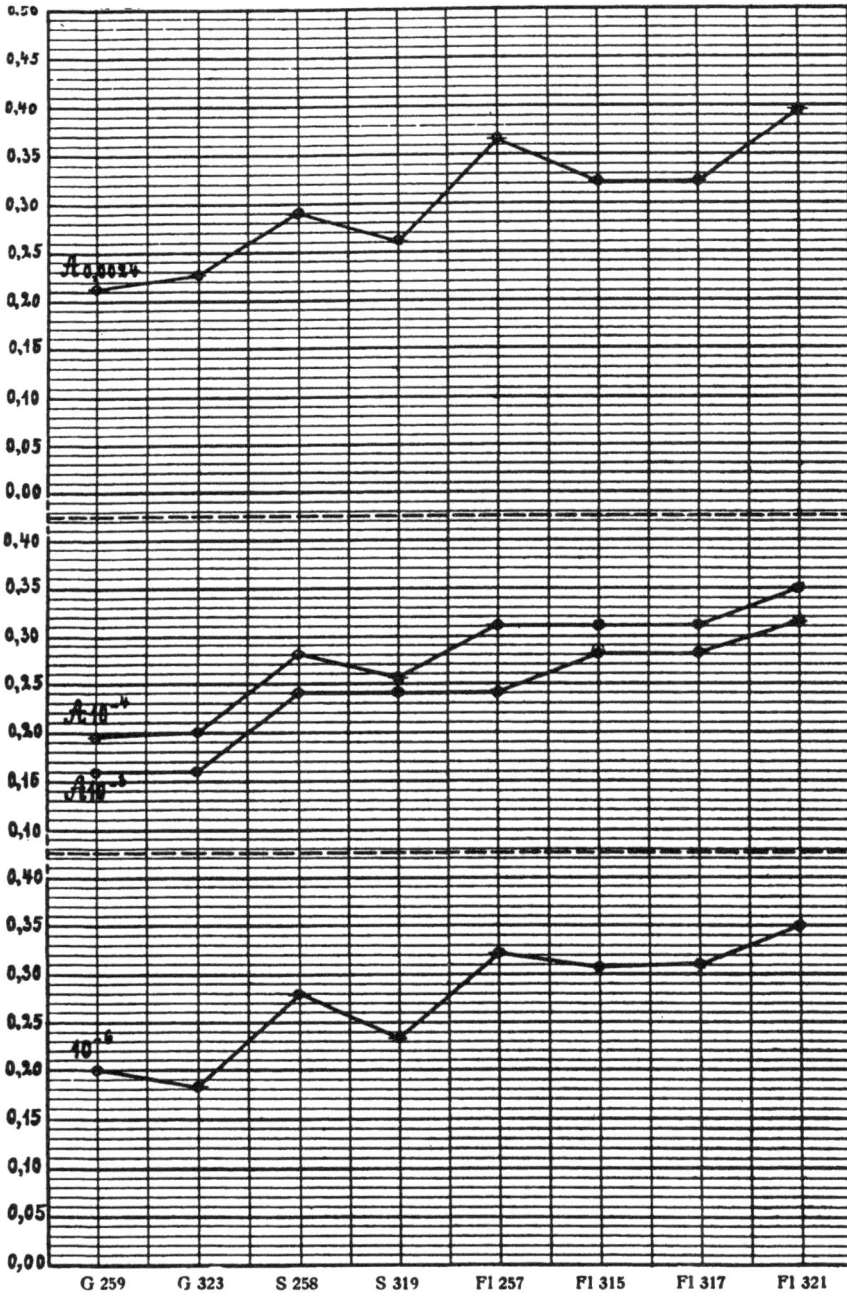

[Graphische Darstellung XXXII:
Verhalten der Rohre in CaSO₄-Lösungen.

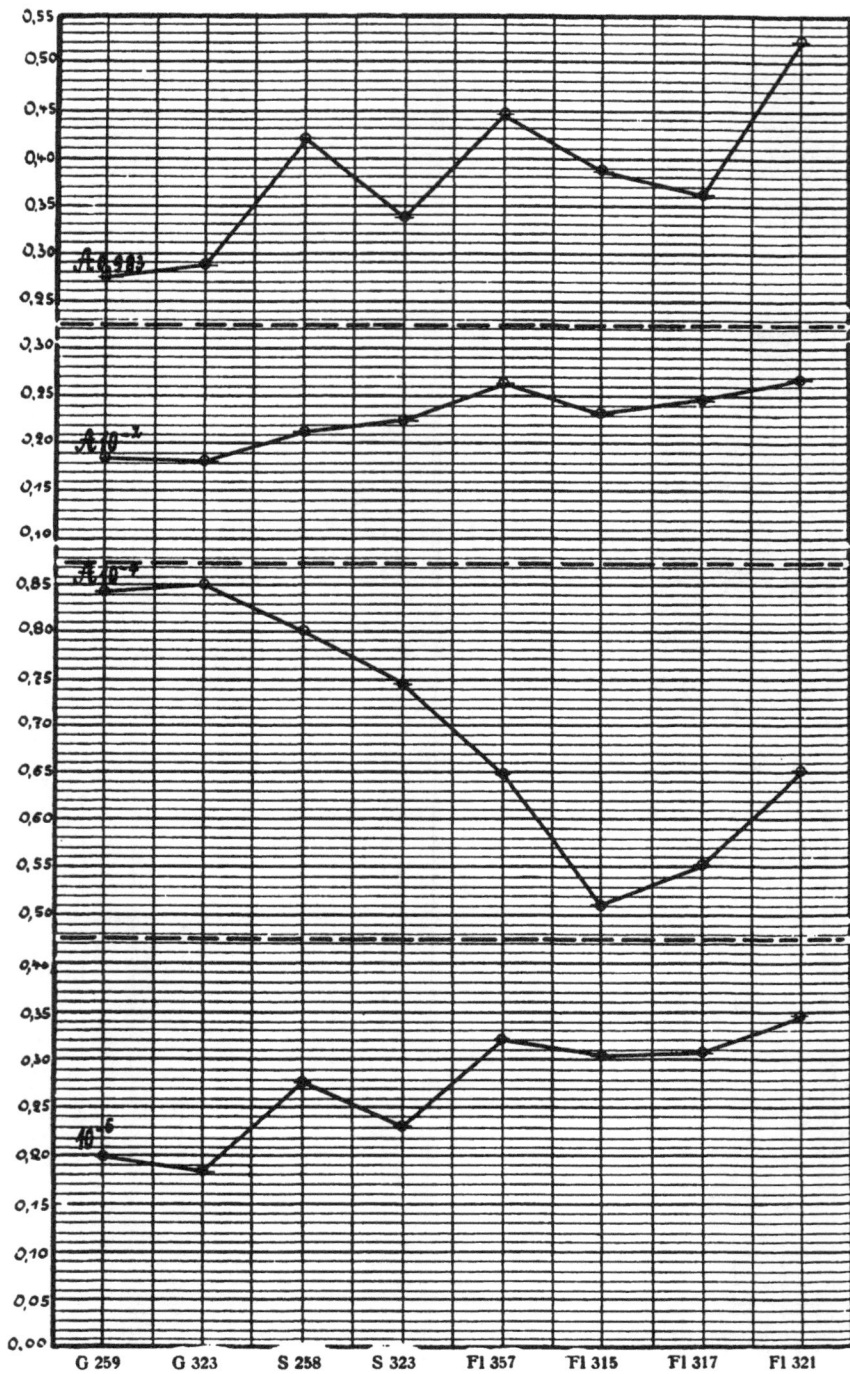

Graphische Darstellung XXXIII:
Verhalten der Rohre in MgCl₂-Lösungen.

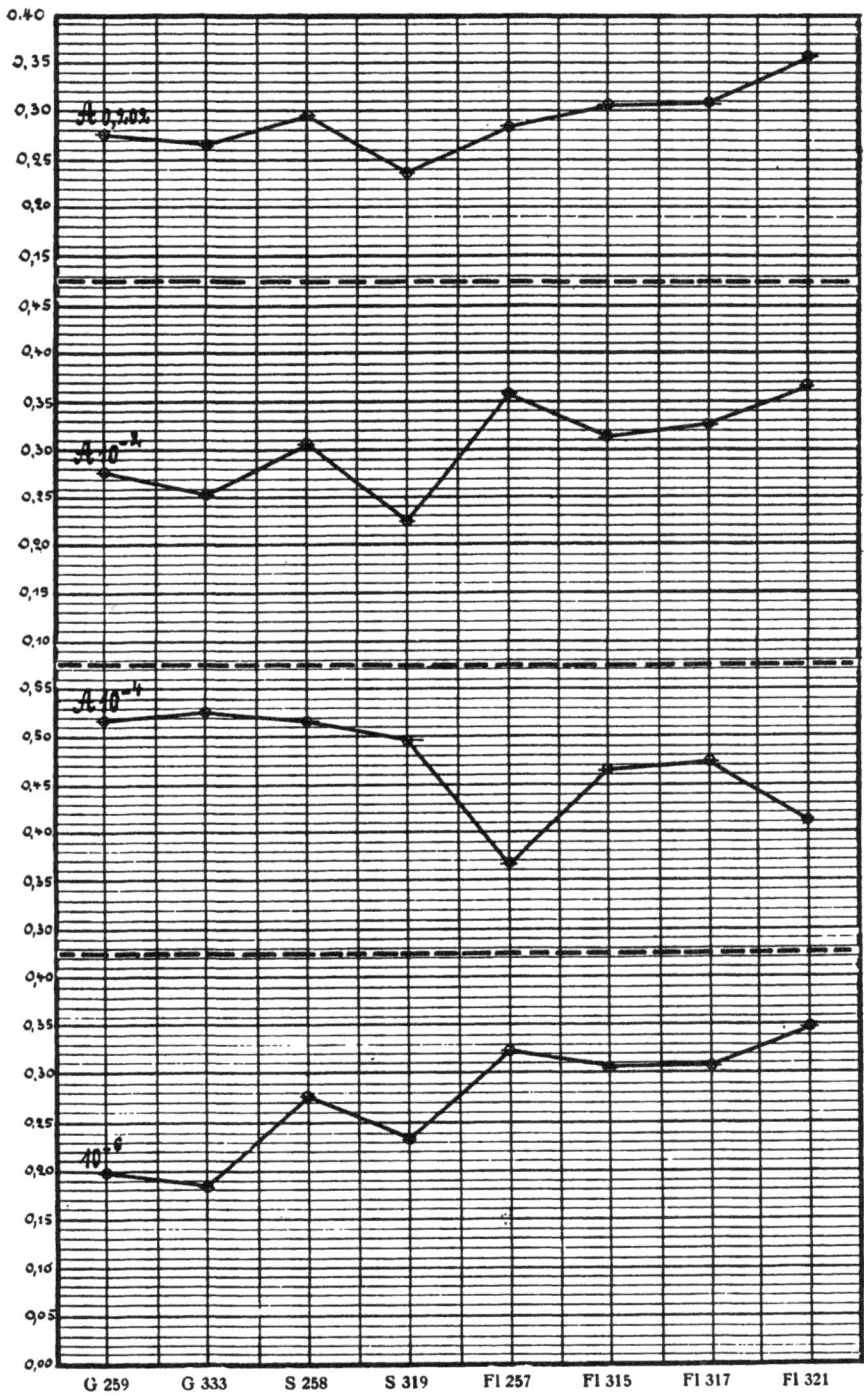

Graphische Darstellung XXXIV:

Verhalten der Rohre in Mg SO₄-Lösungen.

Weder das Calciumchlorid noch das Calciumsulfat beeinflußten prinzipiell den Rostverlauf der Rohre gegenüber dem im destillierten Wasser. Bei sämtlichen Lösungen dieser Salze zeigten, wie aus den Tabellen und graphischen Darstellungen XXXI bis XXXII ersichtlich ist, die gußeisernen Rohre einen geringeren, die schmiedeeisernen Rohre einen größeren Gewichtsverlust, wobei der Angriff der kritischen Konzentrationslösungen der stärkste, der der $1/_{100}$-Normallösungen der schwächste war, während die $1/_{10\,000}$-Normallösung ungefähr den gleichen Angriffsgrad wie bei destilliertem Wasser ergab.

Eigenartige Angriffsformen waren jedoch bei den Lösungen von Magnesiumchlorid und Magnesiumsulfat zu beobachten. Die Ergebnisse der Versuche sind in den Tabellen und graphischen Darstellungen XXXIII u. XXXIV wiedergegeben.

Bei beiden Salzlösungen war der durch die kritische Konzentration hervorgebrachte Angriff geringer als bei den Normal-$1/_{10000}$-Lösungen; auf der anderen Seite war der Angriff der letzteren auf die Gußrohrstücke sehr viel größer als auf die Schmiederohre; von den letzteren zeigen die Flußeisenrohre den geringsten Gewichtsverlust. Das Verhalten der Lösungen hatte mithin Ähnlichkeit mit dem Verhalten der kritischen Konzentrationslösung der Ammoniumsalze. Auch im vorliegenden Falle ist das ungünstige Verhalten der Gußrohre wahrscheinlich auf die starke hydrolytische Spaltung der verdünnten Magnesiumsalzlösungen bzw. auf die erhöhte Wasserstoffkonzentration dieser Lösungen zurückzuführen. Die anderen Lösungen der Magnesiumsalze zeigten mit Ausnahme der kritischen Lösung des Magnesiumchlorids, in welcher der Gewichtsverlust der Gußrohre geringer war als der der Schmiederohre, den verschiedenen Rohrsorten gegenüber ziemlich gleiche Wirkungen.

XXII.

Verhalten der Rohre in Kaliumbichromatlösungen.

Bei diesen Versuchen kamen $1/_{100}$-Normal-, $1/_{1000}$-Normal- und $1/_{10000}$-Normallösungen zur Anwendung. (Tabelle und graphische Darstellung XXXV.)

Bei der $1/_{100}$-Normallösung erfuhren nur die gußeisernen Röhren einen merklichen, und zwar ausgeprägt lokalen Angriff, während bei den schmiedeeisernen Rohren bei der genannten Konzentration noch die passivierende Wirkung des Kaliumbichromats zur Geltung kam. Es folgt hieraus, daß die Konzentration, bei welcher Kaliumbichromat passivierend wirkt, nicht einheitlich ist, sondern von der Beschaffenheit der betreffenden Eisensorte abhängig ist.

In der $^1/_{1000}$-Normallösung fand bei sämtlichen Rohren ein Rostangriff, und zwar zunächst lokal, statt. Der Angriff war bei den gußeisernen Rohren größer als bei den Schmiedeeisenrohren. Diese Er-

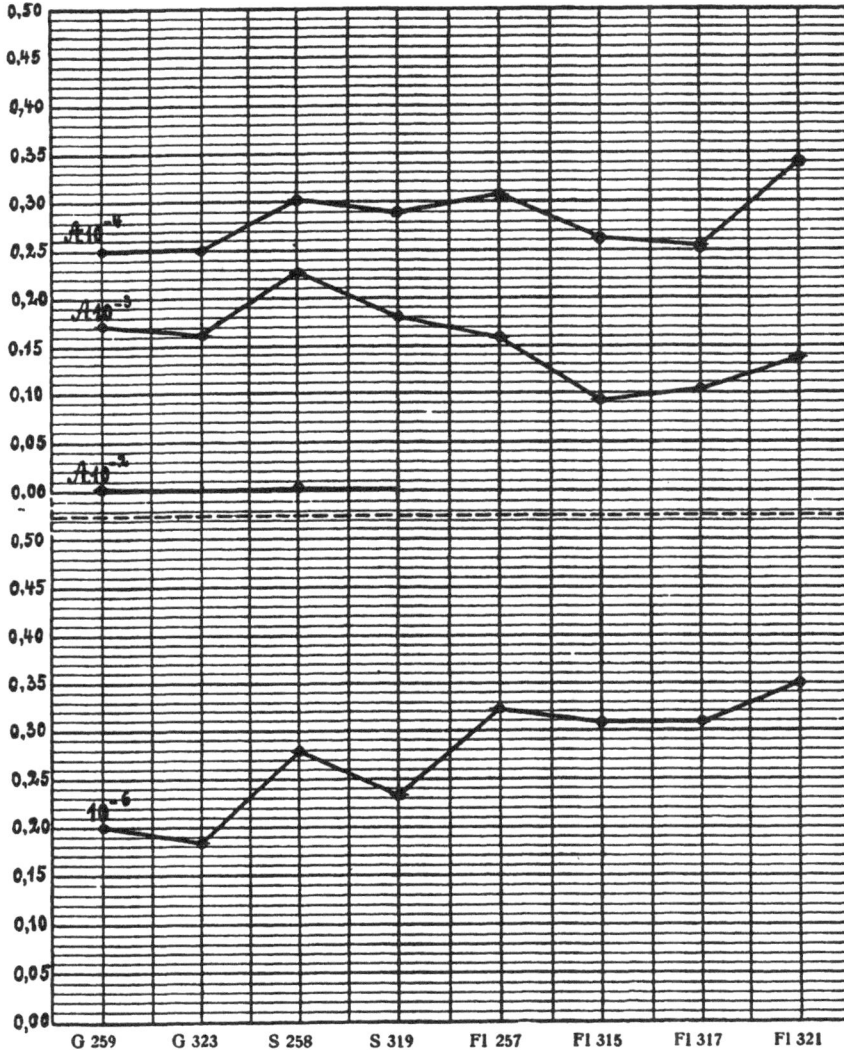

Graphische Darstellung XXXV:
Verhalten der Rohre in $K_2Cr_2O_7$-Lösungen.

scheinung konnte nicht auffallen, da die Wasserstoffkonzentration in
Chromatlösungen verhältnismäßig hoch ist. In der Normal-$^1/_{10000}$-Lö-
sung war die Wirkung bei sämtlichen Rohrsorten ungefähr gleich. Der

Grad der Verrostung war bei dieser Lösung bei den gußeisernen und schweißeisernen Rohren etwas höher, bei den flußeisernen Rohren etwas geringer als der im destillierten Wasser.

XXIII.
Verhalten der Rohre in Lösungen von Kaliumbisulfat.

Bei einem Versuche mit Kaliumbisulfat zeigte sich, solange der saure Charakter des Salzes noch nicht abgestumpft war, die charakteristische Säurewirkung auf Rohre, d. h. es trat eine größere Lösung der Gußeisenrohrstücke auf. Nach erfolgter Neutralisierung des Salzes traten dann die gewöhnlichen Einwirkungen des neutralen Sulfates ein, welche allerdings durch die entsprechend gebildete Menge Eisensulfat Modifikationen erfuhren. Die Wirkung saurer Salze stellte sich also als eine zeitliche Aufeinanderfolge der Wirkung freier Säure und des neutralen Salzes dar. Die Gewichtsverminderung der Rohre war daher in bestimmtem, direktem Verhältnis zu diesen Einwirkungen je nach der Konzentration des Salzes variabel. Die Ergebnisse der Untersuchung gestatten die Schlußfolgerung, daß das Rosten eiserner Rohre durch den Gehalt des Mediums an neutralen Salzen nicht primär beeinflußt wurde, und daß Änderungen im Rostverlauf gegenüber dem Rostangriff der Rohre in destilliertem Wasser sich als Folgeerscheinung des durch die Salze bedingten verschiedenen Grades der Hydrolyse des Wassers darstellten.

Der Rostgrad wurde jedoch durch die verschiedenen Salze bzw. die verschiedenen Konzentrationen derselben in hohem Grade, und zwar bei den einzelnen Rohrgattungen im allgemeinen relativ gleichmäßig beeinflußt.

C. Verhalten der Rohre in säurehaltigen Flüssigkeiten.

In einer früheren Veröffentlichung[1]) habe ich schon darauf hingewiesen, daß vergleichende Untersuchungen, welche die Frage der Zerstörung technischer Rohrsorten, insbesondere den Rostvorgang zum
Gegenstand haben, zwei großen Schwierigkeiten begegnen, welche
einmal bedingt werden durch den Mangel einer völlig einwandfreien
Bestimmungsmethode, deren Ergebnisse ohne weiteres Schlüsse auf
den quantitativen Rostfortschritt gestatten, und dann auch durch die
unregelmäßige Oberflächengestaltung der eisernen Rohre. Da durch
die Beschaffenheit der Rohroberfläche, wie nachgewiesen wurde[2]), der
Rostangriff in jedem Falle beeinflußt werden kann, dürfen aus Ergebnissen von Rostversuchen, welche mit rohen Versuchsstücken vorgenommen wurden, sichere, verallgemeinernde Schlüsse auf die tatsächliche Widerstandsfähigkeit der Rohre gegen den Rostangriff nur
mit Einschränkungen gezogen werden. Den elektrischen Potentialwert
einer Eisensorte gegenüber Wasser bzw. wässerigen Lösungen in ein
direktes Verhältnis zum Grad bzw. zur Schnelligkeit des Rostprozesses
zu setzen, wie es vereinzelt neuerdings geschehen ist, erscheint mir ebenfalls nicht unbedenklich zu sein. Wohl ist die Behauptung als richtig
anzusehen, nach welcher der Potentialwert einer Eisensorte einen Rückschluß auf die Lösungstension einem bestimmten Lösungsmittel gegenüber gestattet, bei Wasser also auf ihre Rostneigung, und daß diese
Bestimmungsmethode bei Versuchsstücken mit gleichmäßig bearbeiteter
Oberfläche in dem gekennzeichneten beschränkten Maße sehr wohl
anwendbar erscheint.

Anders liegen jedoch die Verhältnisse, wenn sich ein eisernes Rohr
im weiteren Verlaufe des Rostangriffes mehr oder weniger mit Eisenoxyd bedeckt hat und dadurch eine große Anzahl von Lokalelementen
auf der Eisenoberfläche entstanden ist; aus der dann vorgenommenen

---

[1]) Metallröhrenindustrie 1910, Heft 13 und Gesundheitsingenieur 1910, Nr. 22
vom 28. Mai.

[2]) Gesundheitsingenieur 1910, Nr. 22 v. 28. Mai.

Bestimmung des Potentialwertes können keine direkten Schlüsse auf die Schnelligkeit der Rostung der Eisensorte gezogen werden. Die durch den Rostprozeß geschaffenen Lokalelemente treten beim schmiedeeisernen Rohr als natürliches Endprodukt der Herstellungsart, und zwar als Walzhaut auf, so daß die Messung des Potentialwertes schmiedeeiserner Rohre einen berechtigten Rückschluß auf die Schnelligkeit des

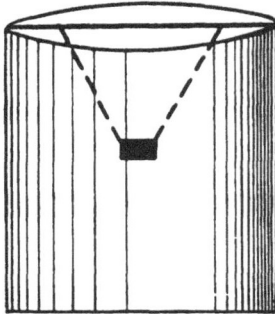

Fig. 16.

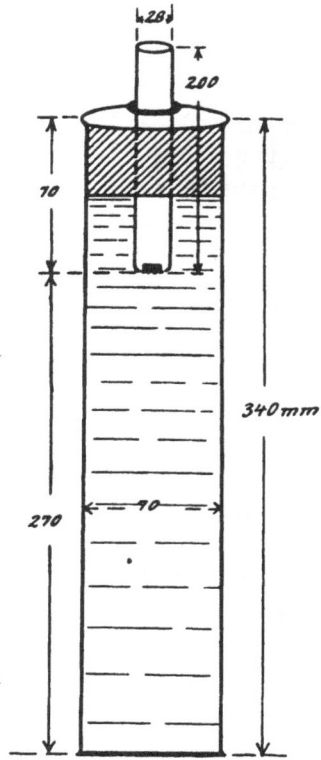

Fig. 17.

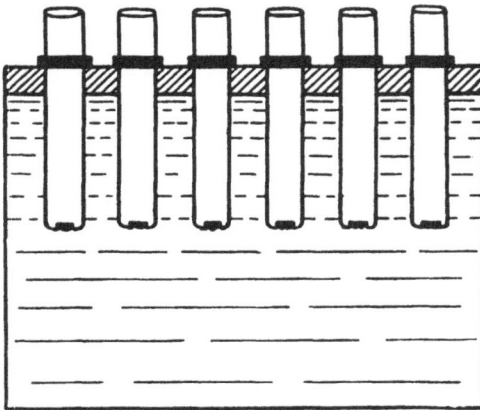

Fig. 18.

Rostangriffs aus dem Grunde und solange nicht gestattet, als sie mit der ursprünglichen Walzhaut bedeckt sind.

Diese gekennzeichneten Schwierigkeiten bei der Ausführung von Rostversuchen und deren Bewertung kommen bei der vergleichenden Prüfung verschiedener technischer Eisensorten auf ihre Löslichkeit in säurehaltigen Flüssigkeiten nicht oder nur in sehr geringem Maße in Betracht. Hier gibt einerseits die Bestimmung der durch die Einwirkung der Säure hervorgerufenen Gewichtsdifferenz ein direktes und einwandfreies Maß der Zerstörung, anderseits spielt bei den vorliegenden Versuchen, abgesehen vielleicht von den allerersten Stadien des Lösungsvorganges, die Oberflächenbeschaffenheit der Rohre eine unbedeutende Rolle, weil die hier in Betracht kommenden Rohrschichten durch die Säurewirkung doch sehr bald entfernt werden.

Das für die nachstehend beschriebenen Säureversuche herangezogene Rohrmaterial war das gleiche, wie es bei den vorhergehenden Rostversuchen verwendet wurde. Die chemische und metallographische Charakterisierung des Materials findet sich auf Seite 7 ff. dieser Arbeit. Die Rohre kamen zum Teil in der bereits beschriebenen Form als Segmente, zum Teil poliert in Würfelform zur Verwendung.

Um die Unterschiede der Angriffsfähigkeit gegen die Rohre ohne und mit Guß- bzw. Walzhaut festzustellen, wurden parallele Lösungsversuche durchgeführt, bei welchen die Probestücke als solche in ihrer ursprünglichen Form und nach Entfernung einer ½ mm starken äußeren Schicht verwendet wurden.

Als Lösungsgefäße dienten teilweise Erlenmeyer-Kolben, teilweise Glasstutzen derselben Art, wie sie auch für die Rostversuche verwendet wurden. (Fig. 1 und 16.)

Für die Versuche, welche für längere Zeiträume ohne Flüssigkeitswechsel bestimmt waren, wurde, um möglichst gleichmäßige Konzentration der Versuchslösungen während des Lösungsvorganges zu gewährleisten, die in Fig. 17 dargestellte Anordnung gewählt. In einen Glaszylinder von 340 mm Höhe und 70 mm l. Durchm. wurde der mit einer zentralen Durchbohrung versehene Korkring eingesetzt. In die Durchbohrung wurde ein starkwandiges, einem Probiergläschen ähnlich geformtes Lösungsrohr eingeschoben, ein zylindrisches Glas, welches an seinem unteren, in die Flüssigkeit ragenden Ende mit einer Anzahl kleiner Öffnungen versehen war. Das Lösungsrohr diente zur Aufnahme des Versuchsstückes. Die beim Lösungsvorgange in der Umgebung des Versuchsstückes sich bildende Salzlösung sinkt auf Grund ihres höheren spezifischen Gewichtes allmählich nach unten, wodurch eine zu schnelle Sättigung der Flüssigkeit an ihrer Berührungszone mit dem Versuchsstück vermieden wurde. Für einige Versuche wurden eine größere Anzahl von Lösungsrohren in einem größeren Behälter vereinigt (Fig. 18).

Die Probestücke wurden vor Beginn der Versuche gereinigt und mit Alkohol und Äther entfettet und getrocknet.

Bei den graphischen Darstellungen der Versuchsergebnisse sind die Zeiten auf der Abszissenachse und die zugehörigen Gewichtsverminderungen auf der Ordinatenachse abgetragen worden.

XXIV.

Verhalten der Rohre gegen Salzsäure.

Die ersten Versuche dienten der Feststellung des Verhaltens der Rohre gegen Salzsäure; verwendet wurden Konzentrationen von $1/_{100}$, $1/_{50}$, $1/_{10}$ und $1/_5$ Normalsäure. Die Versuche fanden gleichzeitig statt, um jene Fehlerquellen auszuschließen, welche durch Verschiedenheit der Temperatur, des Druckes und anderer äußerer Einflüsse hervorgerufen werden könnten.

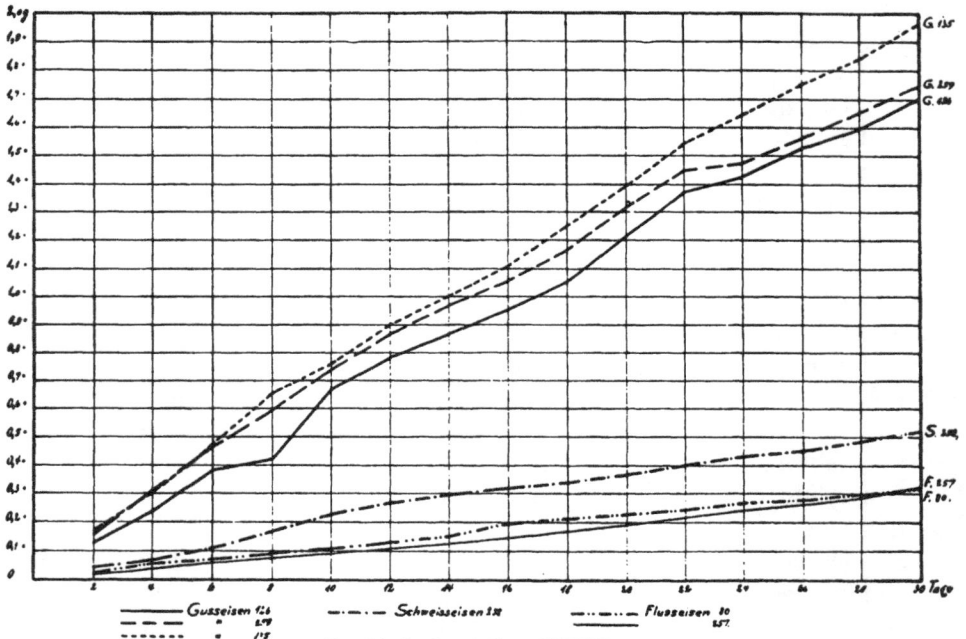

Graphische Darstellung XXXVII:
Verhalten der Rohre gegen $1/_{50}$ n-Salzsäure.
(Zahlenreihe L in Tabelle XXXVII.)

Für diese Versuchsreihe und eine entsprechende mit Schwefelsäure wurden drei gußeiserne Rohre G 126, G 259, G 135, ein schweißeisernes Rohr S 258 und zwei flußeiserne Rohre F 80 und F 257 verwendet.

Die Versuche sind auf 20 bis 32 Tage ausgedehnt worden; für den Vergleich zwischen den einzelnen, mit den verschiedenen Konzentrationen ausgeführten Versuchen wurden die Ergebnisse von 20 Tagen gewählt; nach je zwei Tagen wurden die Gewichtsverminderungen durch einfache Wägung bestimmt und gleichzeitig die einzelnen Lösungsflüssigkeiten erneuert.

Die Ergebnisse der Lösungsversuche in Salzsäure sind in den Tabellen XXXVI bis XXXIX in Zahlenwerten und einige in den entsprechenden Kurven graphisch wiedergegeben.

Beim Vergleich der Gesamtgewichtsverluste der einzelnen Rohre ergibt sich, daß die bereits bekannte Tatsache einer sehr viel stärkeren Lösungsfähigkeit des Gußeisens gegenüber dem Schmiedeeisen, insbesondere dem Flußeisen[1]) auch für die aus diesen Eisensorten hergestellten Rohre Gültigkeit hat. Wird der Gewichtsverlust des Rohres F 257, welcher bei sämtlichen Säurekonzentrationen die geringsten Gewichtsverminderungen aufwies, $= 1$ gesetzt, so ergeben sich als Verhältnis der Gewichtsverluste der einzelnen Rohre folgende Zahlen:

	G 126	G 259	G 135	S 258	F 80	F 257
$1/100$ n. HCl	5,55	5,59	7,83	2,34	1,91	1,00
$1/50$ » »	6,28	6,99	7,39	2,01	1,25	1,00
$1/10$ » »	5,59	5,83	6,59	5,56	1,06	1,00
$1/5$ » »	7,32	7,13	7,89	5,57	1,16	1,00

Der große Unterschied in der Säurelöslichkeit der gußeisernen und der schmiedeeisernen Rohre läßt sich zum Teil aus den früheren Ausführungen[2]) und Grundsätzen ableiten, welche für den Lösungsvorgang des Eisens im Wasser maßgeblich sind. Um irgendwelchen Mißdeutungen vorzubeugen, sei darauf hingewiesen, daß diese Gleichheit in den Gesichtspunkten auf den Lösungsvorgang des Eisens in Wasser, d. h. also auf das primäre Stadium des Rostangriffs, nicht aber auf den eigentlichen Rostvorgang zu beziehen ist. Wie schon in dieser Arbeit ausgeführt wurde, erfolgt die Lösung eiserner Rohre in Säuren durch Übergang des Eisens in den Ionenzustand, welcher unter dem Einfluß der sog. elektrolytischen Lösungstension, d. h. der Tendenz, positiv geladene Teile an die Lösungsflüssigkeit abzugeben, eintritt. Diese elektrolytischen Lösungstensionen sind bei den Metallen sehr klein. Eine Erhöhung läßt sich durch Zuführung positiv elektrischer Ladungen an das Metall bewirken; darauf beruht auch die Auflösung von Metallen in Lösungen edlerer Metalle durch Ausscheidung der letzteren aus ihrer Lösung. W ö l b l i n g[3]) führt diese Tatsache darauf zurück, daß bei Berührung eines unedleren Metalles mit der Lösung von Kationen eines edleren Metalles ersteres kraft seiner

---

[1]) H e y n , Mitteilungen aus dem Königl. Materialprüfungsamt 1908, S.
[2]) Gesundheitsingenieur 1910, Nr. 22.
[3]) W ö l b l i n g , Die theoretischen Grundlagen der analytischen Reaktionen, Berlin 1910, Julius Springer. (Nach einem mir freundlichst zur Verfügung gestellten Korrekturabzug.)

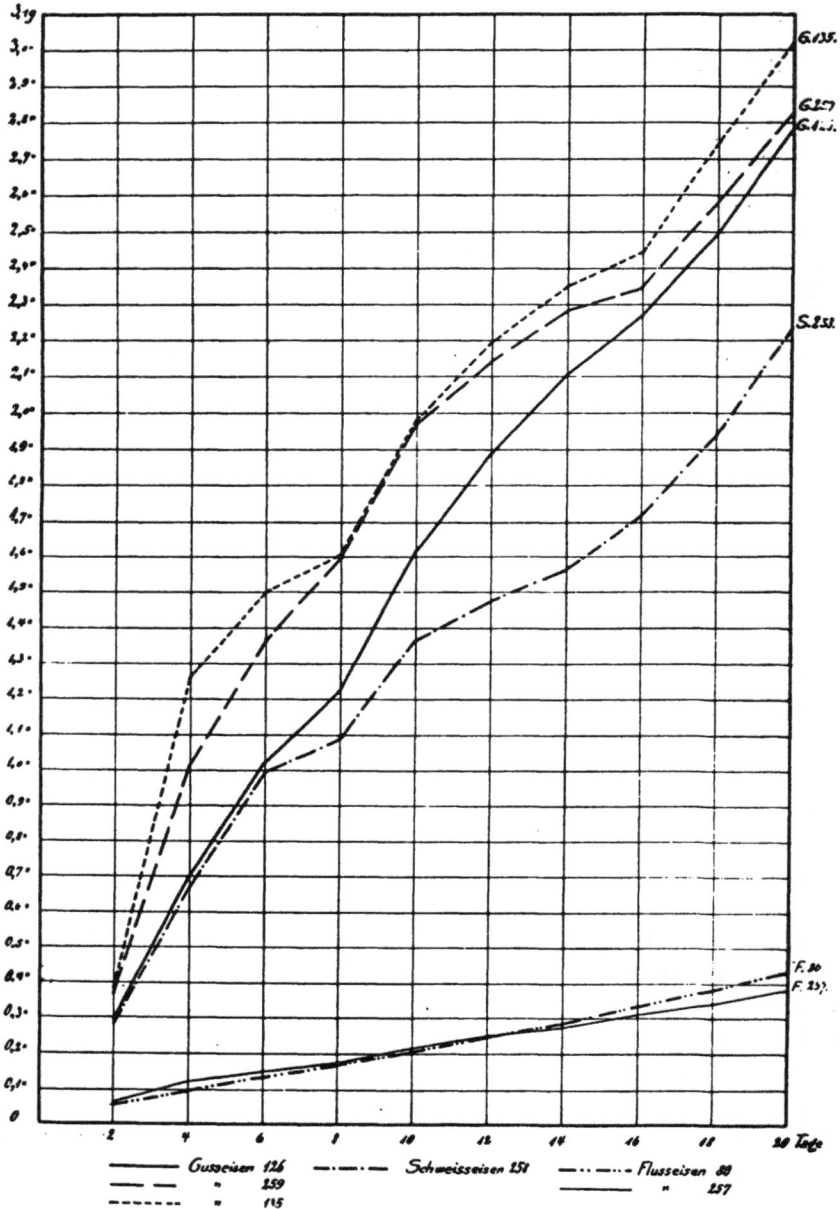

Graphische Darstellung XXXVIII:

Verhalten der Rohre gegen $^1/_{10}$ n-Salzsäure.

(Zahlenreihe m in Tabelle XXXVIII.)

Lösungstension in seiner Metallphase ein höheres negatives Potential annimmt, als es mit den Lösungen edlerer Kationen im allgemeinen im Gleichgewicht ist, d. h.:

$$e \text{ wird für diese} > \frac{RP}{nF} \log \frac{P}{p}.$$

Das unedlere Metall muß daher auf die Kationen aller edleren Metalle als Entladungspotential wirken, und die durch Entladung der edleren Metallionen dem unedleren Metall zugeführten positiven Ionenladungen befähigen dieses, durch Erhöhung seiner Lösungstension mit einer dem abgeschiedenen Metall äquivalenten Menge selbst in Lösung zu gehen.

Als ein solcher Fall stellt sich auch die Auflösung des Eisens dar; insbesondere liegt er auch bei der Einwirkung säurehaltiger Flüssigkeiten auf Rohre vor. Diese Auflösungsmöglichkeit wird durch Berührung mit einem edleren Metall erheblich vergrößert, weil die von dem edleren Metall durch Entladung von H aufgenommenen positiven Ionenladungen ihm durch metallische Berührung zugeführt werden und seine Lösungstension erhöhen. Solange noch unedles Metall vorhanden ist, werden die von der Entladung der Wasserstoffionen gewonnenen Ionenladungen zur Auflösung des unedleren Metalles verbraucht, bevor sie ein Lösungspotential für das edlere Metall bilden können.

In gleicher Weise wie ein edleres Metall wirken gewisse Verunreinigungen in den Metallen. Es ist eine bekannte Tatsache, daß sich ganz reines Zink schwerer in Säuren löst, als das eine geringe Menge Verunreinigungen führende Metall. Die Verunreinigungen unedler Metalle können als eine galvanische Kombination aufgefaßt werden, bei welcher auf der einen Seite die positive Elektrizität mit dem unedlen Metall in die Lösung eintritt, während sie auf der anderen Seite an dem edleren Metall abgeschieden und durch die metallische Verbindung mit jenem wieder an die Auflösungsstelle desselben fortgeführt wird.

Unter den unedlen Metallen nimmt das technische Eisen durch seinen mehr oder minder großen Gehalt an fremden Beimengungen, welchen es ja in erster Linie seine technische Verwertbarkeit verdankt, eine besondere Stellung ein. Die über den Einfluß von Fremdkörpern auf die größere oder geringere Lösungsfähigkeit der Metalle entwickelten Grundsätze können daher auf eiserne Rohre direkt übertragen werden. Es unterliegt keinem Zweifel, daß der weit höhere Gehalt fremder Beimengungen im Gußeisen und der daraus hergestellten Rohre ihre größere Löslichkeit in Säuren an erster Stelle bedingt. Eine dabei besonders in Betracht kommende Verunreinigung ist der Graphit, welcher, soweit meine Untersuchungen abgeschlossen sind, die Lösungsfähigkeit des Eisens in Säuren in ungünstigem Sinne beeinflußt. Dazu kommt, daß die größere oder geringere Löslichkeit auch von dem Umfange der dem Säureangriff ausgesetzten Oberfläche des Metalls wesentlich abhängig ist. Durch die schnelle Einwirkung der Säure auf gußeiserne Rohre werden bei dem kristallinen Gefüge eine Unzahl von Kanälen und Ausbuchtungen in das Metall gefressen, deren Wandungen die Gesamtoberfläche des Metalls erheblich vergrößern und dadurch Gelegenheit zu einem stärkeren Säureangriff schaffen. Bei dem dichten Gefüge der schmiedeeisernen Rohre ist diese Gefahr nicht vorhanden oder auf ein geringes Maß beschränkt, weil der Angriff dort zu der Bildung von Kanälen und Löchern weniger Veranlassung geben kann.

Werden jedoch die erörterten Grundsätze auf die Beurteilung der Lösungsfähigkeit der Eisenrohre in der Weise übertragen, daß einfach von einem größeren Gesamtgehalt fremder Beimengungen auf eine größere oder geringere Widerstandsfähigkeit in Säuren geschlossen wird, so würde das zu irrigen Ergebnissen führen. Wohl ist der verhältnismäßig sehr große Abstand im Gehalt der Beimengungen der gußeisernen und der schmiedeeisernen Rohre für die größere Löslichkeit des gußeisernen Rohres von maßgeblicher Bedeutung. Es spielt aber dabei auch eine Reihe von Umständen, welche in erster Linie auf die metallographische Differenzierung der Rohrsorten zurückzuführen sind, eine wichtige Rolle, so daß in vielen Fällen die Regel, daß mit dem größeren Gehalt an Verunreinigungen auch der Lösungsgrad wächst und umgekehrt, Einschränkungen und Abweichungen erfährt. Diese Abweichungen können allerdings entweder nur innerhalb der einzelnen gußeisernen oder aber der schmiedeeisernen Rohrsorten auftreten, da die Löslichkeit schmiedeeiserner Rohre in Säuren, wie sich aus der großen Anzahl meiner Säureversuche ergibt, selbst im ungünstigsten Falle stets hinter der der Gußeisenrohre zurückbleibt. Charakteristisch hierfür ist z. B. die bei allen Versuchen zu beobachtende größte Löslichkeit des gußeisernen Rohres G 135, das mit einem Gesamtgehalt von 7,37% fremden Bestandteilen gegenüber 7,16% bei dem Rohr G 259 und 7,76% bei dem Rohr G 126 zwischen diesen beiden steht; die größere Löslichkeit ist bei G 135 einmal durch den hohen Gehalt an Eisenphosphid, anderseits durch die grobe Ausbildung der Graphitlamellen bedingt, welche, wie anzunehmen ist, die oben beschriebene Kanalbildung und die dadurch bedingte Oberflächenvergrößerung der angegriffenen Metallfläche hervorruft.

Die größere Löslichkeit der schweißeisernen Rohre den flußeisernen gegenüber ist wahrscheinlich in erster Linie auf den Gehalt an Schlacke zurückzuführen; sie wechselt daher, wie auch die vorliegenden Ergebnisse beweisen, innerhalb weiter Grenzen.

Die verschiedenen Konzentrationen der Säure bringen in dem Löslichkeitsverhältnis der einzelnen Rohre keine prinzipiellen Änderungen hervor. Bei den Gußeisenrohren nimmt die Lösungsfähigkeit gegenüber den Schmiedeeisenrohren mit steigender Konzentration zu. Das schweißeiserne Rohr zeigt im Verhältnis zu den anderen Rohrsorten in der $^1/_{10}$ und $^1/_5$ n. Säure gegenüber den schwächeren Säuren eine Steigerung der Löslichkeit.

Von den beiden Flußeisenrohren löst sich F 80 schneller; es ist dies wohl in erster Linie auf den größeren Gesamtgehalt an Verunreinigungen, welcher 1,24% gegenüber 0,79% des Rohres F 257 beträgt, zurückzuführen. Es ist auch möglich, daß der Perlitgehalt des Rohres F 257 seine geringe Löslichkeit in Säuren beeinflußt hat, da nach den Untersuchungen von H e y n & B a u e r der Perlit einer der schwerstlöslichen Gemengteile technischer Eisensorten ist.

Es ergibt sich aus diesen Versuchen, daß die größere Löslichkeit gußeiserner Rohre den schmiedeeisernen Rohren gegenüber in erster Linie auf ihren größeren Gesamtgehalt an fremden Bestandteilen zurückgeführt werden kann, und daß neben dem quantitativen Gehalt an fremden Stoffen Einflüsse metallographischer Natur, die Art ihrer Bindung, die Strukturform des Rohres usw. auf den Grad der Säurelöslichkeit einen nicht unmerklichen Einfluß ausgeübt haben, welcher unter Umständen zu einer Aussetzung der oben angeführten Regel führen kann, allerdings nur innerhalb der einzelnen Rohrgattungen.

XXV.
Verhalten der Rohre gegen Schwefelsäure.

Parallele Versuchsreihen zu den Salzsäureversuchen wurden, wie bereits bemerkt, unter Einhaltung derselben Versuchsbedingungen mit Schwefelsäure durchgeführt; die Säure kam als $^1/_{100}$, $^1/_{50}$ und $^1/_{10}$ Säure zur Anwendung. Die Ergebnisse der Bestimmungen sind in den Tabellen XL, XLI, XLII und einige in den entsprechenden graphischen Darstellungen wiedergegeben.

Auch hier fällt als charakteristisches Merkmal zunächst der große Abstand in der Löslichkeit der gußeisernen und der schmiedeeisernen Rohre auf; wiederum zeigt Rohr F 257 die größte Widerstandsfähig-

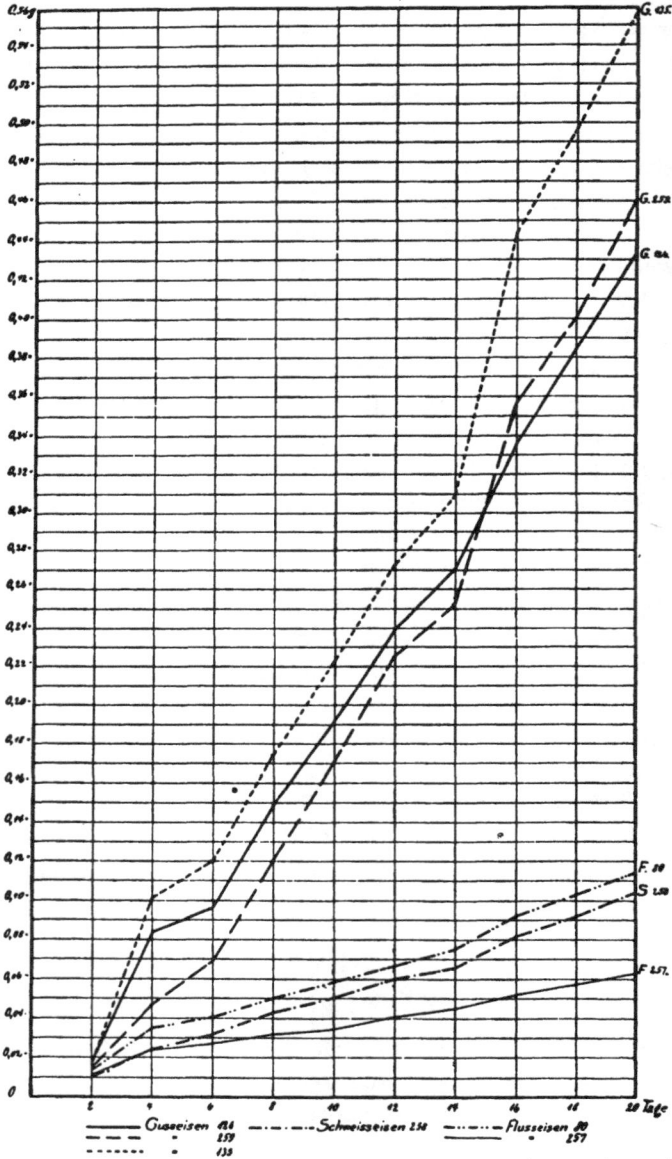

Graphische Darstellung XL:

Verhalten der Rohre gegen $^1/_{100}$ n-Schwefelsäure.

(Zahlenreihe 0 in Tabelle XL.)

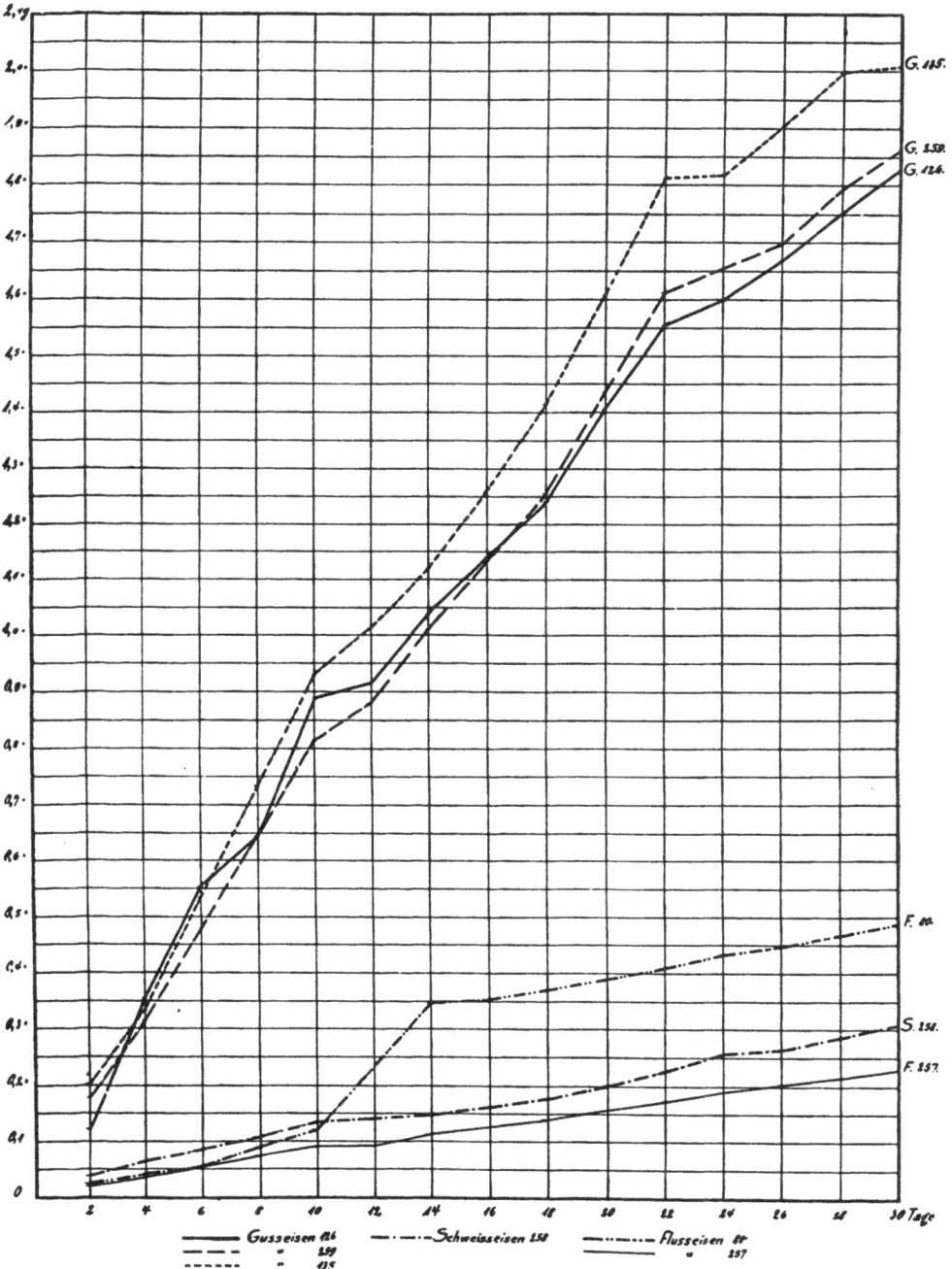

Graphische Darstellung XLI:

Verhalten der Rohre gegen $^1/_{50}$ n-Schwefelsäure.

(Zahlenreihe p in Tabelle XLI)

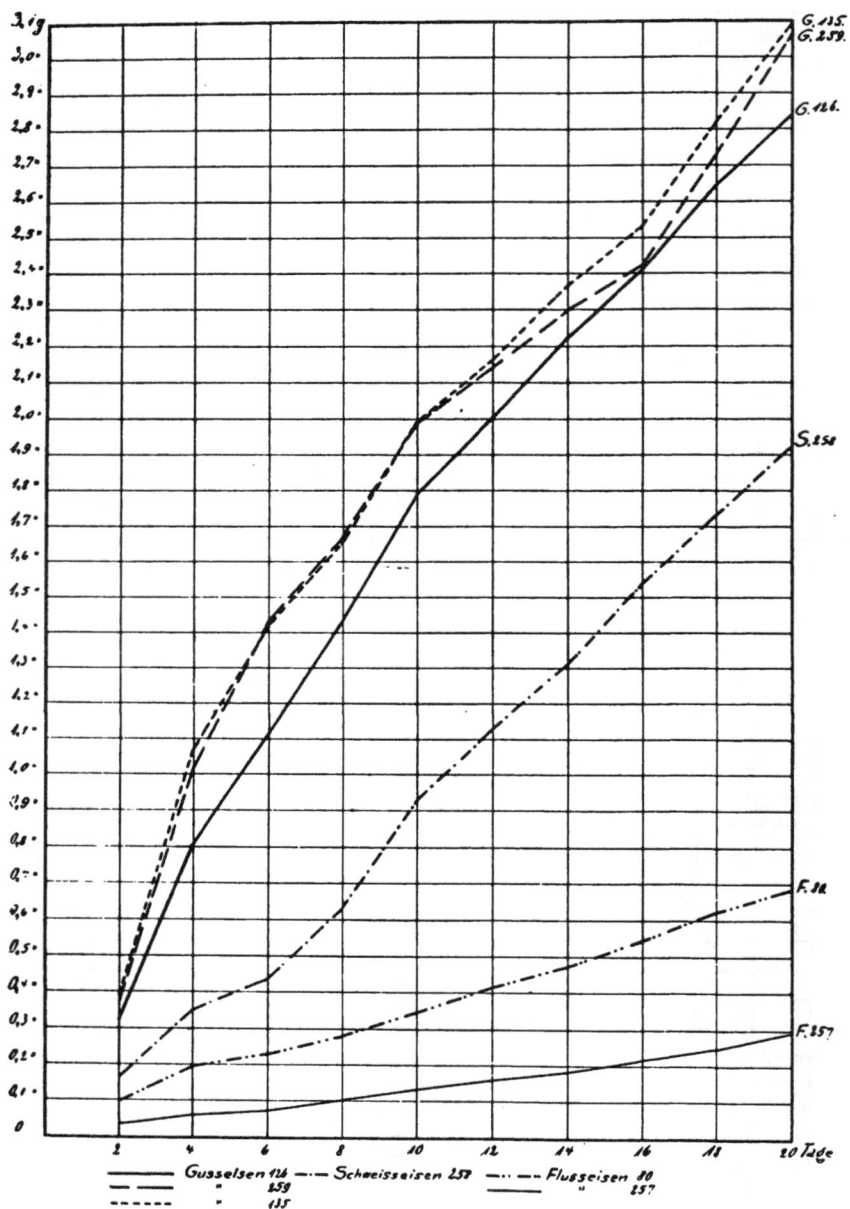

Graphische Darstellung XLII:

Verhalten der Rohre gegen $^1/_{10}$ n-Schwefelsäure.

(Zahlenreihe q in Tabelle XLII.)

keit. Setzt man den Gewichtsverlust dieses Rohres = 1, so ergeben sich als Verhältnisse der Gewichtsverluste der einzelnen Rohre die folgenden Zahlen:

	G 126	G 259	G 135	S 258	F 80	F 257
$N/_{100}$ H_2SO_4	6,83	7,91	8,79	1,80	1,64	1,00
$N/_{50}$ H_2SO_4	8,24	9,01	10,16	1,28	1,09	1,00
$N/_{10}$ H_2SO_4	9,59	10,45	10,69	6,46	1,30	1,00

Beim Vergleich der Löslichkeit der einzelnen Rohre ergeben sich die gleichen Gesichtspunkte wie bei den Versuchen mit Salzsäure. Unter den gußeisernen Rohren zeigt G 135 die größte und G 126 die geringste Löslichkeit; die Säurelöslichkeit des Schweißeisenrohres ist in der $^1/_{100}$ n. und $^1/_{50}$ n. Säure um ein Weniges, in der $^1/_{100}$ Säure jedoch erheblich größer wie die der flußeisernen Rohre.

Vergleicht man die Ergebnisse der Lösungsversuche in Salzsäure und Schwefelsäure, so ergibt sich, daß die Salzsäure die gußeisernen Rohre weniger stark angegriffen hat als die Schwefelsäure. Durchgängig sind nämlich bei den gußeisernen Röhren die durch die Einwirkung der Salzsäure und bei den Schmiedeeisenrohren die durch die Einwirkung der Schwefelsäure hervorgerufenen Gewichtsabnahmen geringer. Im Durchschnitt ergab sich eine Gewichtsverminderung der gußeisernen Rohre

bei einer Konzentration von	in Salzsäure	in Schwefelsäure
$^1/_{100}$ n.	0,3855 g	0,4967 g
$^1/_{50}$ n.	1,2991 g	1,4408 g
$^1/_{10}$ n.	2,8508 g	3,0311 g.

Entgegengesetzte Verhältnisse zeigen die schmiedeeisernen Rohre, wie die folgenden durchschnittlichen Gewichtsverluste zeigen:

bei einer Konzentration von	in Salzsäure	in Schwefelsäure
$^1/_{100}$ n.	0,1133 g	0,0938 g
$^1/_{50}$ n.	0,2536 g	0,1435 g
$^1/_{10}$ n.	0,9871 g	0,8649 g.

Die in der Praxis häufig vertretene Auffassung, daß Salzsäure eiserne Rohre erheblicher angreift als Schwefelsäure, erfährt durch das Ergebnis der vorliegenden Versuche bezüglich der Schmiedeeisenrohre eine Bestätigung; bei gußeisernen Rohren ist jedoch, soweit die vorliegenden Versuche in Betracht kommen, das Gegenteil der Fall.

Bei den Schweißeisenrohren wurde die bereits bei den Versuchen in Salzsäure gemachte Beobachtung bestätigt, daß ihre Säurelöslichkeit im Verhältnis zu den übrigen Rohrsorten mit steigender Konzentration der Säure zunimmt.

XXVI.

Verhalten der Rohre gegen Phosphorsäure.

Zur Anwendung gelangte 3,4 %ige Phosphorsäure.

Die Lösungen, in welchen die Gußeisenrohre sich befanden, zeigten dabei Abscheidungen von Eisenphosphat.

Das Löslichkeitsverhältnis der einzelnen Rohrgattungen zueinander erfuhr keine prinzipiellen Änderungen. Setzt man die Gewichtsabnahme des Flußeisenrohres F 257 $= 1$, so erhält man folgende Werte:

	G 126	G 259	G 135	S 258	F 80	F 257
3,4%ige H_3PO_4	7,82	6,59	8,56	4,89	1,08	1,00.

Die Löslichkeit des Gußeisenrohres G 259 ist hier verhältnismäßig geringer als bei den vorhergehenden Versuchen; im ganzen bleibt der Angriff der Phosphorsäure, wie die in der Tabelle XLV enthaltenen Gesamtgewichtsverminderungen zeigen, hinter dem durch Salzsäure und Schwefelsäure bewirkten Angriff zurück.

XXVII.

Verhalten der Rohre gegen organische Säure.

Die hauptsächlichste Form der Verlegungsart eiserner Rohre ist die Verlegung im Erdboden. Die Folge ist, daß die Rohre auch häufig mit organischen Säuren, insbesondere auch mit Humussäure, in Berührung kommen.

Für die Versuche wurden Ameisensäure und Essigsäure in den Bereich der vorliegenden Untersuchungen gezogen.

Die Ergebnisse der Versuche sind in den Tabellen XLVI—L wiedergegeben.

Die aus den bereits beschriebenen Versuchen gezogenen Schlüsse erfahren im allgemeinen durch diese Versuche nur eine weitere Bestätigung; eine Abweichung wurde nur insofern festgestellt, als hier das gußeiserne Rohr G 259 im Gegensatz zu den früheren Ergebnissen die größte Löslichkeit aufwies. Im übrigen wurde bei den flußeisernen Rohren ein stärkerer Angriff der Ameisensäure als der Essigsäure festgestellt.

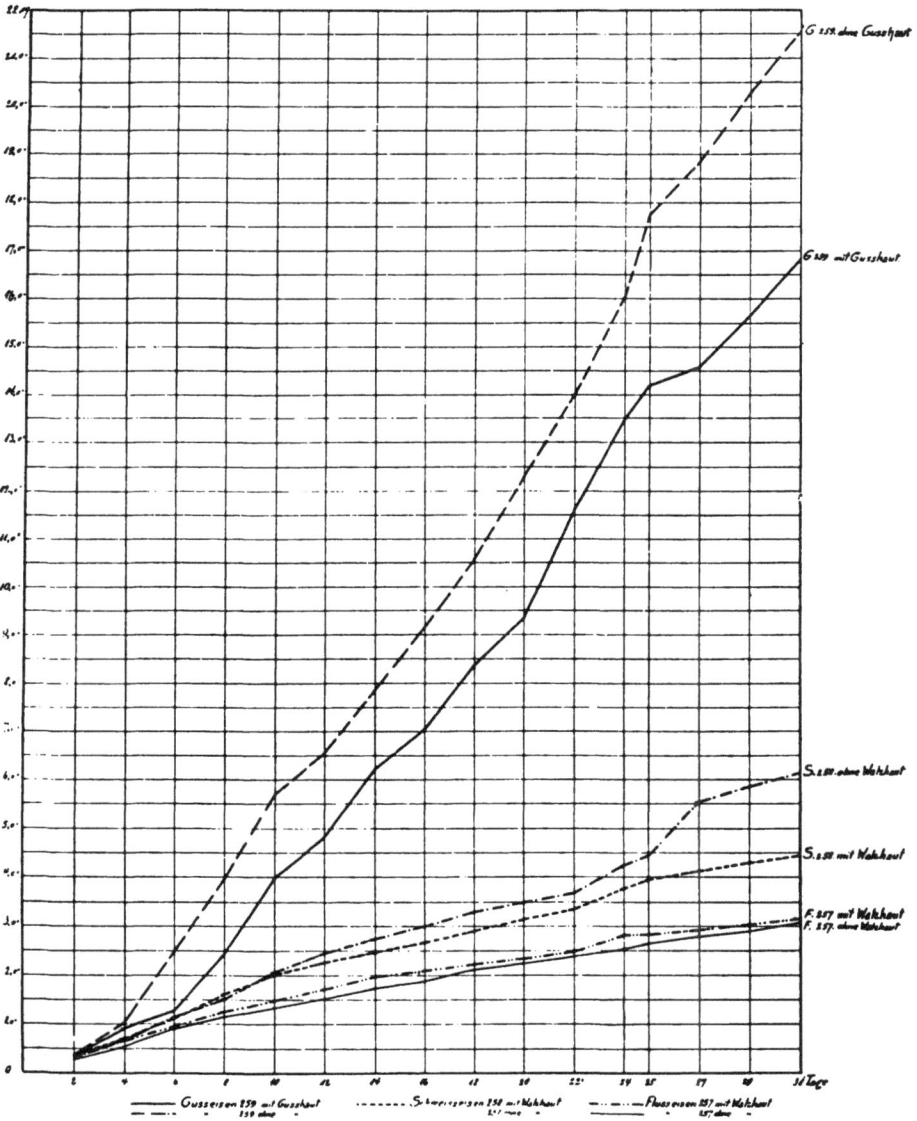

Graphische Darstellung XLIIIa:

Verhalten der Rohre mit und ohne Haut gegen ¹/₅ n-Salzsäure.

(Zahlenreihe r in Tabelle XLIII.)

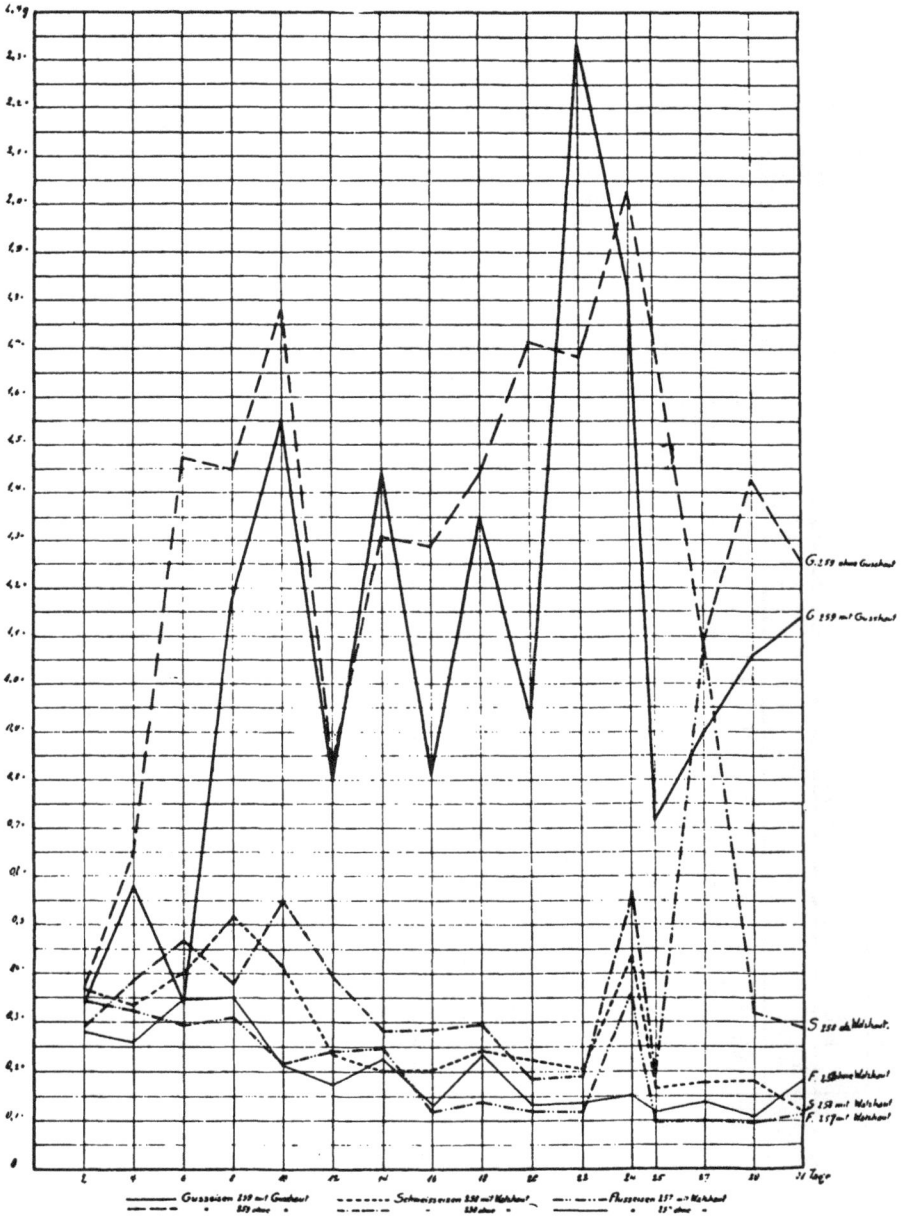

Graphische Darstellung LXIIIb:

Verhalten der Rohre mit und ohne Haut gegen $^1/_5$ n - Salzsäure.

(Zahlenreihe R in Tabelle XLIII.)

XXVIII.

Beeinflussung des Lösungsvorganges durch Guß- und Walzhaut.

Zur Verwendung bei den Versuchen gelangten Segmente der Rohre G 259, S 258 und F 257 im natürlichen, d. h. mit der Guß- und Walzhaut versehenen Zustand und in abgedrehter Form; als Säureflüssigkeiten wurden ein Fünftel n.-Salzsäure und Schwefelsäure gewählt. Die Zeitdauer der Versuche betrug 30 Tage. Die Ergebnisse sind in den Tabellen XLIII u. XLIV und in den entsprechenden graphischen

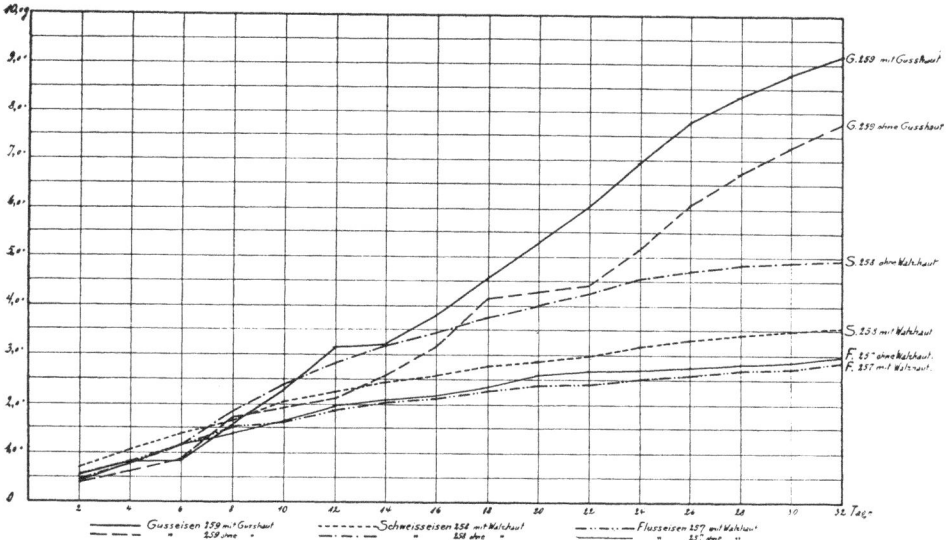

Graphische Darstellung XLIVa:

Verhalten der Rohre mit und ohne Haut gegen
$^1/_5$ n - Schweselsäure.

(Zahlenreihe s in Tabelle XLIV.)

Darstellungen niedergelegt. Nach den erhaltenen Werten muß sowohl der Gußhaut wie auch der Walzhaut eine gewisse Schutzwirkung gegen den Angriff der Säuren zugesprochen werden, da in allen Fällen die abgedrehten Rohre größere Gewichtsabnahmen ergaben, und zwar sind dieselben

	in H_2SO_4	in HCl
für das Gußrohr um	28,1%	11,7%
für das schweißeiserne Rohr um . .	8,1%	12,0%
für das flußeiserne Rohr um	1,6%	25,6%

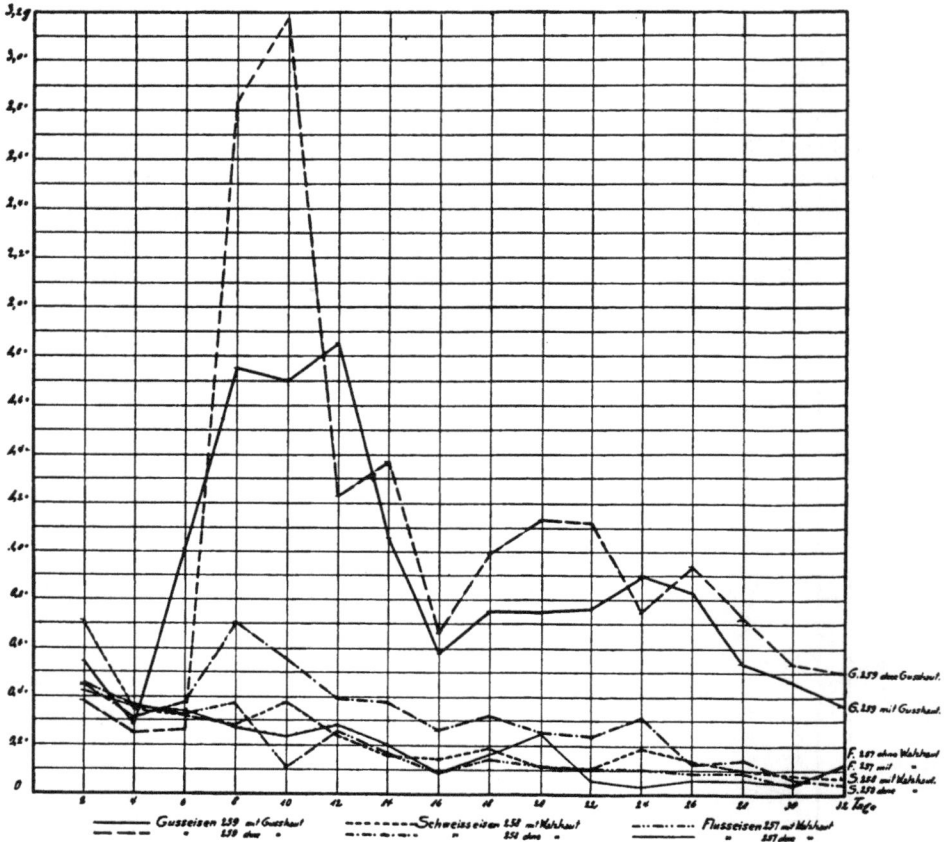

Graphische Darstellung XLIV b:

Verhalten der Rohre mit und ohne Haut gegen $^1/_5$ n - Schwefelsäure.
(Zahlenreihe S in Tabelle XLIV.)

größer als bei den mit der natürlichen Haut versehenen Rohren. Welche Verhältnisse im besonderen die Schutzfähigkeit der Guß- und Walzhaut bedingen, kann hier nicht erörtert werden, weil die diesbezüglichen Untersuchungen noch nicht als abgeschlossen angesehen werden können.

Allgemeine Betrachtungen.

Schon die in dieser Arbeit wiedergegebenen Untersuchungsergebnisse verschiedener Rostversuche beweisen, daß eine generelle Beantwortung der Frage, ob Guß- oder Schmiedeeisenrohre als Leitungsmaterial unter ausschließlicher Berücksichtigung der Widerstandsfähigkeit der Eisenmaterialien gegen den Rostangriff zu bevorzugen sind, bzw. ob eine dieser beiden Rohrgattungen als solche allgemein eine größere Widerstandsfähigkeit gegen die Gesamtheit der auftretenden Korrosionsursachen aufzuweisen pflegt, ausgeschlossen erscheint; das Thema gehört in das Gebiet jener technischen Probleme, welche nur unter Berücksichtigung des besonderen Falles und der besonderen Verhältnisse jeweilig zu entscheiden sind. Eine grundsätzliche Beantwortung der Frage erscheint schon deshalb ausgeschlossen, weil beide Rohrgattungen, wie die Versuche ergeben haben, sich den verschiedenen Beanspruchungen und Zerstörungsursachen gegenüber verschieden verhalten. Nicht nur die verschiedenen Zerstörungsmedien als solche wirken auf Guß- und Schmiederohr in verschiedener Weise ein, sondern auch die Art, wie diese Einflüsse dem Rohrmaterial gegenüber zur Geltung kommen, können Unterschiede im Verhalten der einzelnen Rohre bedingen; hier sind Konzentrationsgrad, Temperatur und Druck des zerstörenden Agens, sein kinetischer Zustand und die Art und Weise seiner Einwirkung zu nennen. Wie verkehrt es ist, selbst aus größeren Versuchsreihen oder noch mehr aus Fällen zerstörter und gut erhaltener Rohre, wie es noch in letzter Zeit geschehen ist, Schlußfolgerungen auf die allgemeine Widerstandsfähigkeit einer Rohrart in der Praxis ziehen zu wollen, ergibt sich schon daraus, daß verschiedene, zu einer Rohrgattung gehörende Rohre gegenüber ein und derselben Beanspruchung sich verschieden verhalten und unter sich wieder Unterschiede aufweisen können. Ich werde später zeigen können, wie weit dabei die Herstellungsart der Rohre, ihre Dimensionen und andere Faktoren eine Rolle spielen.

Die folgenden allgemeinen Betrachtungen können daher nur bedingte Gültigkeit haben und sollen nur einige allgemeine Gesichtspunkte berühren, welche auf Grund dieser und späterer Untersuchungsergebnisse gewonnen wurden.

Als feststehend muß allein die Tatsache angesehen werden, daß säurehaltige Flüssigkeiten unabhängig von ihrer Art und ihrer Konzentration gußeiserne Rohre sehr viel schneller zerstören als schmiedeeiserne.

Obwohl die Einwirkung von Säuren einerseits und der eigentliche Rostangriff durch sauerstoffhaltiges Wasser oder durch feuchte Luft anderseits auf elektrolytische Prozesse zurückzuführen sind, beeinflussen doch beide Zerstörungsvorgänge guß- und schmiedeeiserne Rohre in grundsätzlich verschiedener Weise. Es ist daher verkehrt, die aus dem Verhalten eiserner Rohre gegen Säuren gezogenen Schlüsse auf die Widerstandsfähigkeit der Materialien gegen Rosteinwirkungen ohne weiteres übertragen zu wollen, umgekehrt aber ebenso unrichtig, aus der geringsten Rostneigung eines Materials auf seine größere Widerstandsfähigkeit gegen Säuren schließen zu wollen. In der Praxis kommen natürlich beide Einwirkungen vor.

Bei dem eigentlichen Rostangriff ist nach den vorliegenden Versuchsergebnissen im allgemeinen das Gußrohr im Vorteil und zwar besonders dann, wenn Lösungen von Salzen bei Zutritt von Sauerstoff zur Wirkung gelangen. Die Unterschiede in der Rostneigung beider Rohrgattungen, der Guß- und Schmiederohre, sind aber nur gering und pflegen sich, je länger der Rostprozeß dauert, um so mehr auszugleichen. vielleicht weil auch bei den Schmiederohren allmählich der sich bildende Rostbelag zu einer bis zum gewissen Grade schützenden Schicht wird. Keineswegs sind die Unterschiede in der Rostneigung so ausgeprägt, daß danach eine Klassifizierung der Materialien und der Zerstörungsfälle eiserner Rohrleitungen in der Praxis möglich und richtig wäre; gerade bei dem Rostangriff auf die einzelnen Rohrsorten ist die Stärke des Angriffes von den jeweiligen Bedingungen und Modifikationen sehr wesentlich abhängig, unter welchen die rosterzeugenden Agentien (Sauerstoff und Feuchtigkeit bzw. Wasser) auf die Materialien zur Wirkung gelangen.

Werden z. B. zwei Rohre, ein gußeisernes und ein schmiedeeisernes, ungeschützt und unter sonst gleichen Bedingungen im stehenden Wasser oder in einem Boden, in welchem das Grundwasser sich nicht bewegt und die Luft genügenden Zutritt hat, dem Rosten ausgesetzt, so wird im allgemeinen das gußeiserne Rohr eine etwas größere Überlegenheit dem Schmiederohr gegenüber zeigen können, während bei fließendem und sich stets erneuerndem Wasser das Verhältnis der Widerstandsfähigkeit beider Eisensorten gegen den Rostangriff sich meist umkehrt. Das Gleiche wird der Fall sein können in tieferen, der Luft weniger oder nicht zugängigen Boden- und Wasserschichten, wo die lösende Wirkung der umgebenden Medien die Rostgefahr übertrifft.

Das durch den kinetischen Zustand des rosterzeugenden Mediums hervorgerufene verschiedene Verhalten findet in der Rostungsart der beiden Rohrmaterialien seine Erklärung. Das Gußeisen neigt, sobald es in einem elektrolytisch leitfähigen Medium sich befindet, infolge seines höheren Gehaltes an fremden Stoffen (Kohlenstoff, Silizium, Phosphor, Schwefel, Kupfer, Mangan) in höherem Grade als das schmiedeeiserne Rohr mit seinem geringen Gehalt an Verunreinigungen zur Bildung von Lokalelementen, als deren Folgeerscheinung schnellere Eisenlösung und bei Gegenwart von Sauerstoff schnellere Rostbildung eintritt. Infolgedessen weist das Gußeisen eine schnellere Rostungsanfangsgeschwindigkeit auf. Es bedeckt sich in ruhendem Medium schneller, als es bei dem Schmiederohr der Fall ist, mit einer den weiteren Rostangriff bis zu einem gewissen Grade hemmenden Rostschicht, welche in der Oberflächenbeschaffenheit des gußeisernen Rohres auch günstigere Bedingungen zum Festhaften findet. Das schmiedeeiserne Rohr pflegt im allgemeinen während des ganzen Rostangriffs mit einer seiner Rostungsanfangsgeschwindigkeit gleichen Intensität zu rosten. Die Wirkung der bis zu einem gewissen Grade schützenden Rostschicht tritt natürlich mit der Zeit auch bei den schmiedeeisernen Rohren auf, wenn sie Gelegenheit findet, sich festzusetzen, aber wegen der geringeren Rostungsanfangsgeschwindigkeit und ihrer glatteren Oberflächenbeschaffenheit erst später.

Wird aber die auf dem gußeisernen Rohre sich schneller bildende Rostschicht nach ihrer Bildung ganz oder teilweise entfernt, so ist wieder Gelegenheit zu der größeren anfänglichen Rostneigung bei dem gußeisernen Rohr gegeben, und als Gesamtsumme dieser ständig wiederkehrenden Rostungsanfangsgeschwindigkeiten wird sich eine dem schmiedeeisernen Rohre unterlegene Widerstandsfähigkeit ergeben. Diese Verhältnisse können dann eintreten, wenn z. B. das korrodierende Agens (Wasser) sich in Bewegung bzw. Strömung befindet. Dem Energieumfange entsprechend, welcher sich aus der Menge und der Schnelligkeit des fließenden Wassers ergibt, wird die gebildete Rostschicht immer wieder entfernt, es treten die beim Anfangsstadium des Rostangriffes auf Gußeisen charakteristischen elektrolytischen Wirkungen in erhöhtem Grade ein.

Während also die Widerstandsfähigkeit des gußeisernen Rohres sich gewissermaßen als Mittel aus der anfänglichen großen Rostungsgeschwindigkeit und der im Verlauf des Rostprozesses herabgeminderten Rostungsgeschwindigkeit darstellt, zeigt das schmiedeeiserne Rohr eine von den genannten Verhältnissen nur in geringem Umfange beeinflußte, verhältnismäßig gleichmäßige Rostungsgeschwindigkeit im

gesamten Verlauf des Prozesses. Ergibt sich als Mittel der Rostungsgeschwindigkeit des Gußeisenrohres eine Widerstandsfähigkeit, welche
die Rostungsfähigkeit des Schmiedeeisenrohres überragt, so würde
das gußeiserne Rohr vorzuziehen sein; ergibt sich aber beim Gußeisenrohr aus der Rechnung eine unterlegene Widerstandsfähigkeit, so ist
das schmiedeeiserne Rohr zu bevorzugen.

Auch die Form, in welcher sich der Rost bildet, kann Art und
Größe des Rostangriffs beeinflussen. Bildet sich z. B. die Rostschicht
in einer dichten und fester anhaftenden Weise, so nimmt im gleichen
Verhältnis die Widerstandsfähigkeit des betreffenden Rohres zu. Die
Form der Rostbildung aber ist abhängig sowohl von der Art des Angriffs wie auch von der Beschaffenheit der Rohrsorten, ihren Oberflächen, ihrer mehr oder minder großen Porosität, dem Durchmesser
der Rohrleitungen, ihrer Verlegungsart usw. Daß insbesondere in dieser physikalischen Hinsicht große Unterschiede in der Art des auf gußeisernen und schmiedeeisernen Rohren sich bildenden Rostes auftreten
können, wird nicht zu bezweifeln sein; dieses Gebiet hat indessen das
Interesse der einschlägigen Kreise noch nicht in gebührender Weise
gefunden.

Ganz anders liegen die Verhältnisse wiederum, sobald eine eiserne
Rohrleitung abwechselnd in Berührung mit Wasser und Luft steht.
Unter diesen Verhältnissen bildet sich auf dem gußeisernen Rohr
im Stadium der Wasserberührung schneller eine Rostschicht, welche
während der folgenden Periode der Luftberührung Gelegenheit nehmen
kann, in das sozusagen poröse Gußeisen einzudringen und sich an
dem Rohr fest anzusetzen. Dadurch würden die oben erwähnten
Schutzverhältnisse der sich bildenden Rostschicht in erhöhtem Maße
eintreten können. Gußeiserne Rohre pflegen daher unter den genannten Verhältnissen in der Tat eine etwas größere Widerstandsfähigkeit aufzuweisen, während bei fließendem Wasser das gußeiserne
Rohr eine dem schmiedeeisernen Rohre unterlegenere Widerstandsfähigkeit zeigen kann.

Die obigen Ausführungen gelten im allgemeinen für die eisernen
Rohre ohne besondere Berücksichtigung ihrer Oberflächenbeschaffen-
heit, d. h. ohne besondere Berücksichtigung der Walzhaut beim
Schmiedeeisenrohr und der Gußhaut beim Gußrohr.

Bei der Beantwortung der vorliegenden Fragen müssen aber
auch, da die Oberflächenbeschaffenheit der Rohre in bezug auf deren
Widerstandsfähigkeit eine viel größere Rolle spielt, als selbst in
Fachkreisen bisher angenommen wurde, auch diese Verhältnisse ge-
würdigt werden. Ich verweise hier auf meine Veröffentlichung

über die verschiedene Art der Rostung von Guß- und Schmiederohren.[1])

Es kann nicht bezweifelt werden, daß sowohl die Gußhaut wie auch
besonders die Walzhaut an sich eine gewisse Schutzkraft gegenüber
den zerstörenden Einflüssen aufweisen, welche jede freilich auf ganz
verschiedenen Ursachen beruht und auch materiell ganz verschieden
zu bewerten ist.

Die Gußhaut, über deren Beschaffenheit und Zusammensetzung
einwandfreie Untersuchungen noch nicht vorliegen, ist anscheinend
von dem übrigen Material desselben nur soweit verschieden, als auf
Grund gewisser chemisch-physikalischer Umlagerungen der anscheinend
stahlähnliche Charakter von dem Innern des Rohres nach seiner Oberfläche zu allmählich zunimmt. Prinzipiell werden die für die Art der
Lösung und des Rostangriffs erläuterten Vorgänge durch die Gußhaut
nicht geändert. Wie weit die Widerstandsfähigkeit eines gußeisernen
Rohres gegen den Rostangriff an und für sich durch die Gußhaut
beeinflußt wird, scheint bisher einwandfrei noch nicht nachgewiesen zu
sein. Es kann aber in Anbetracht des Umstandes, daß die Guß-
hautoberfläche auf Grund ihrer rauhen Beschaffenheit physikalisch
betrachtet eine große Summe von Unebenheiten darstellt, angenommen
werden, daß die anfängliche Rostgeschwindigkeit des Gußeisens auf
Grund der durch diese physikalischen Unebenheiten der Gußrohroberfläche hervorgerufenen Potentialunterschiede in der Gußhaut erhöht
gleichzeitig die Bildung des als teilweiser Schutz wirkenden Rost-
überzuges beschleunigt wird; in gleichem Verhältnis kann dann eine
etwas erhöhte Widerstandskraft gegen den weiteren Rostfortschritt
eintreten.

Während die Gußhaut als ein widerstandsfähigerer Teil des Gußeisenrohres durch Potenzierung der in der Art des Rostens von Gußeisen begründeten Erscheinungen sich erweist, ergibt sich die Widerstandsfähigkeit der Walzhaut gegen den Rostangriff auf Grund von
Tatsachen, welche mit den Eigenschaften des Schmiedeeisens weder
physikalisch noch chemisch etwas gemein haben. Das schmiedeeiserne
Rohr stellt sich als ein mit einer Auflagerung von Eisenoxyd und Eisenoxydoxydul versehener schmiedeeiserner Kern dar. Bestände die
Walzhaut aus reinem Eisenoxyd, welches die schmiedeeisernen Rohre
in vollständig dichter und festhaftender Weise bedeckte, so wäre damit
ein vollkommen rostwiderstandsfähiges Rohr geschaffen, weil Eisenoxyd das schließliche Produkt des Rostprozesses ist. Leider aber

---

[1]) Gesundheitsingenieur vom 28. Mai 1910.

gelingt es der Technik nicht immer, ein Schmiederohr herzustellen, bei welchem die Walzhaut völlig frei von Eisen und Eisenoxydoxydul ist und so fest haftet, daß sie auch bei der Verlegung und Bearbeitung des Rohres nicht mehr verletzt werden kann. Die gewöhnlichen schmiedeeisernen Rohre und zwar hauptsächlich diejenigen kleinerer Dimensionen zeigen, und das ist eine direkte Folge ihrer Herstellungsart, mehr oder weniger unganze Stellen; auch ist die Walzhaut selbst kein reines Eisenoxyd, sondern stellt ein Gemenge von Eisen und Eisenoxyd bzw. Eisenoxydoxydul dar, welches in der Glühhitze des Herstellungsprozesses zu einer gelegentlich ziemlich locker anhaftenden Schicht auf den Rohren verwalzt wird; sie stellt, wie schon gesagt, im Gegensatz zur Gußhaut nicht einen natürlichen Bestandteil des Rohres, sondern eine mehr oder minder festhaftende mechanische Auflagerung dar, welche aber nicht immer gleichmäßig, sondern von unganzen Stellen unterbrochen ist. Infolge des hohen Potentialabstandes von Walzhaut und freiliegendem Eisen geht der Rostangriff an vorhandenen unganzen Stellen im Verhältnis zu der elektromotorischen Kraft des Elementes Eisenoxyd-Eisen mit größerer Schnelligkeit vor sich. Die diesbezüglichen Verhältnisse sind in meiner schon erwähnten Veröffentlichung eingehend dargelegt.

Es dürfte bei einigem Studium der Verhältnisse unschwer gelingen, die durch mangelhafte Walzhautausbildung bedingte verminderte Widerstandsfähigkeit schmiedeeiserner Rohre zu beseitigen, wie das tatsächlich schon bei einigen Werken geschieht oder angestrebt wird.

Abgesehen von dem Verhalten von Guß- und Schmiederohr gegenüber den verschiedenen Arten der zerstörenden Einflüsse, kommen für die Beurteilung der Frage nach der jeweiligen Wahl einer Rohrsorte natürlich noch sehr viele andere, meist wichtigere Gesichtspunkte in Frage. Es soll hier nur darauf hingewiesen werden, daß Gußrohre eine bedeutend größere Wandstärke haben müssen, um eine größere Widerstandsfähigkeit gegen mechanische Beanspruchungen wie das dünnwandige Schmiederohr zu erhalten. Ein Gußrohr ist daher, wenn auch das spezifische Gewicht des Gußeisens etwas geringer als das des Schmiedeeisens ist, sehr viel schwerer als ein Schmiederohr von gleicher Länge, wodurch Transport und Verlegung erschwert werden; auf der andern Seite sichert wieder die größere Wandstärke mehr vor einem Durchrosten des Rohres, wobei aber nicht zu vergessen ist, daß mit der Verminderung der Wandstärke die Bruchfestigkeit abnimmt.

Die außerhalb der Rostfrage liegenden Vorzüge des Schmiederohres werden ernstlich wohl kaum bestritten werden können.

Von ausschlaggebender Bedeutung ist aber die Frage des wirksamen Schutzes der beiden Rohrgattungen, Guß- und Schmiederohr, gegen die verschiedenen Zerstörungen. Die Rostfrage reduziert sich tatsächlich immer mehr zu einer Rostschutzfrage.

In dieser Beziehung gewähren die üblichen Rostschutzmittel, wie Heißasphaltieren, Verzinken, Anstreichen, gute Ausführungen vorausgesetzt, bei beiden Rohrgattungen leichteren Angriffen gegenüber, wie es auch der gewöhnliche Rostangriff ist, in den meisten Fällen genügenden Schutz. Dabei kann dann die etwas größere Rostneigung der schmiedeeisernen Rohre in ruhenden, der Luft zugängigen Boden- und Wasserschichten und die größere Rostneigung der Gußrohre in fließendem Wasser einen entsprechenden Ausgleich erfahren. Schärferen Angriffen gegenüber, wie sie die in die Erde gebetteten Rohre durch die im Boden oder im Leitungswasser enthaltenen Säuren und Alkalien, durch die Einwirkung vagabundierender Ströme u. a. m., bedrohen, tritt die größere Widerstandsfähigkeit des Schmiedeeisens gegenüber Säuren nicht in die Erscheinung, auch wenn beide Fabrikate in bisher üblicher Weise asphaltiert sind. Diese geringe Schutzwirkung bei Säuren, Alkalien etc. trifft mehr noch für das Verzinken der Schmiederohre zu, ein Verfahren, welches in solchen Fällen sich meist als ungeeignet erweist, als für das ebenfalls unvollkommene Asphaltieren; in solchen Fällen wird einem verzinkten Schmiederohr gegenüber ein asphaltiertes Gußrohr in der Regel sich überlegen zeigen, obwohl an sich das Schmiedeeisen eine größere Säurefestigkeit besitzt als das Gußeisen. Auch die bei Gußröhren allgemein, bei Schmiedeeisen vielfach übliche Heißasphaltierung vermag den stärkeren Angriffen im Erdboden längere Zeit nicht zu widerstehen. Es erscheint daher notwendig, auch die bisher übliche Asphaltierung sowohl der Gußrohre wie der Schmiedeeisenrohre zu verbessern, um auch den stärkeren Angriffen gegenüber, welchen die Rohre ausgesetzt sein können, einen längere Zeit anhaltenden Schutz zu schaffen.

Die beiden Rohrgattungen zeigen außerdem gegen die gebräuchlichen Rostschutzmittel ein verschiedenes Verhalten, welches in erster Linie durch die Beschaffenheit der Rohroberfläche, dann aber auch noch durch andere Faktoren bedingt wird. Die diesbezüglichen Verhältnisse sind von mir bereits an anderer Stelle ausführlich dargelegt[1]). Ich habe dort auch darauf hingewiesen, daß die Umhüllung

---

[1]) Über Schutzanstriche eiserner Röhren 1910, I. u. II Teil, (Verlag F. Leineweber-Leipzig.)

der Rohre mit asphaltierten Jutestreifen, wie sie bei verschiedenen schmiedeeisernen Rohrwerken in Gebrauch ist, sich nur dann als eine Verbesserung darstellt, wenn sie sorgfältig hergestellt, beim Verlegen gut behandelt, nachgesehen, an verletzten Stellen und an den Verbindungen ergänzt wird.

Die Wahl zwischen Guß- und Schmiederohren muß demnach in den meisten Fällen einer besonderen Beurteilung unterliegen, wobei die Rostfrage als solche nur eine sekundäre Rolle spielt, die Schutz- und Vorbeugungsmaßnahmen gegen zerstörende Agentien dagegen um so größere Beachtung verdienen.

Anlage I:

Zahlenmaterial.

Tabelle I.
Rostversuche in ruhendem destillierten Wasser.

Versuchsmaterial	Anfangs-gewicht	End-gewicht	Gesamt-gewichts-verlust	Durch-schnittl. täglicher Gewichts-verlust	Durchschnittlicher Gewichtsverlust	
					während der ersten 20 Tage	während der übrigen Dauer
Gußeisen . . 259	215,7509	214,4614	1,2895	0,02170	0,02627	0,01537
Schweißeisen . 258	231,3642	230,5271	0,8371	0,01634	0,01807	0,01518
Flußeisen . . 257	234,7035	233,8548	0,8487	0,01699	0,01871	0,01585

Tabelle II.
Rostversuche in ruhendem Leitungswasser.

Versuchsmaterial	Anfangs-gewicht	End-gewicht	Gesamt-gewichts-verlust	Durch-schnittl. täglicher Gewichts-verlust	Durchschnittlicher Gewichtsverlust	
					während der ersten 20 Tage	während der übrigen Dauer
Gußeisen . . 259	217,9504	217,0270	0,9334	0,01907	0,02098	0,01812
Schweißeisen . 258	236,0186	235,2545	0,7641	0,01528	0,01426	0,01596
Flußeisen . . 257	241,5333	239,7236	0,8097	0,01598	0,01552	0,01629

Tabelle III.
Rostversuche in ruhendem Meerwasser.

Versuchsmaterial	Anfangs-gewicht	End-gewicht	Gesamt-gewichts-verlust	Durch-schnittl. täglicher Gewichts-verlust	Durchschnittlicher Gewichtsverlust	
					während der ersten 20 Tage	während der übrigen Dauer
Gußeisen . . 259	217,9836	217,1111	0,8725	0,01725	0,01928	0,01620
Schweißeisen . 258	234,7566	234,0474	0,7092	0,01416	0,01405	0,01424
Flußeisen . . 257	239,0110	238,2887	0,7223	0,01442	0,01379	0,01485

Tabelle IV. Rostversuche in ruhendem destillierten Wasser.
(Hierzu graphische Darstellungen I und IV.)

Zeit in Tagen	Gußeisenrohr		Schweißeisenrohr		Flußeisenrohr	
	Gewichts-verlust in g	Gesamt-gewichts-verlust in g	Gewichts-verlust in g	Gesamt-gewichts-verlust in g	Gewichts-verlust in g	Gesamt-gewichts-verlust in g
	A	a	A	a	A	a
2	0,0365	0,0365	0,0291	0,0291	0,0268	0,0268
5	0,0705	0,1070	0,0488	0,0779	0,0525	0,0793
8	0,0691	0,1761	0,0482	0,1261	0,0558	0,1351
11	0,0746	0,2507	0,0492	0,1753	0,0496	0,1847
14	0,0912	0,3419	0,0509	0,2262	0,0588	0,2435
17	0,0936	0,4355	0,0645	0,2907	0,0611	0,3046
20	0,0930	0,5285	0,0708	0,3615	0,0685	0,3731
23	0,0517	0,5802	0,0593	0,4208	0,0315	0,4046
26	0,0523	0,6325	0,0578	0,4786	0,0488	0,4534
29	0,0500	0,6825	0,0485	0,5271	0,0520	0,5054
32	0,0500	0,7325	0,0430	0,5701	0,0440	0,5494
35	0,0587	0,7912	0,0450	0,6151	0,0542	0,6036
38	0,0673	0,8585	0,0474	0,6725	0,0500	0,6536
41	0,0527	0,9112	0,0451	0,7176	0,0495	0,7031
44	0,0613	0,9725	0,0532	0,7708	0,0453	0,7484
47	0,0609	1,0334	0,0363	0,8071	0,0412	0,7896
50	0,0561	1,0895	0,0300	0,8371	0,0591	0,8487

Tabelle V. Rostversuche in ruhendem Leitungswasser.
(Hierzu graphische Darstellungen II und V.)

Zeit in Tagen	Gußeisenrohr		Schweißeisenrohr		Flußeisenrohr	
	Gewichts-verlust in g	Gesamt-gewichts-verlust in g	Gewichts-verlust in g	Gesamt-gewichts-verlust in g	Gewichts-verlust in g	Gesamt-gewichts-verlust in g
	B	b	B	b	B	b
2	0,0449	0,0449	0,0247	0,0247	0,0218	0,0218
5	0,0660	0,1109	0,0288	0,0535	0,0276	0,0494
8	0,0572	0,1681	0,0396	0,0931	0,0454	0,0948
11	0,0517	0,2198	0,0384	0,1315	0,0461	0,1409
14	0,0568	0,2766	0,0563	0,1878	0,0500	0,1909
17	0,0572	0,3338	0,0574	0,2452	0,0551	0,2460
20	0,0658	0,3996	0,0401	0,2853	0,0350	0,2810
23	0,0359	0,4355	0,0413	0,3266	0,0427	0,3237
26	0,0486	0,4841	0,0400	0,3666	0,0505	0,3742
29	0,0480	0,5321	0,0428	0,4094	0,0451	0,4193
32	0,0490	0,5811	0,0480	0,4574	0,0488	0,4681
35	0,0433	0,6244	0,0460	0,5034	0,0500	0,5181
38	0,0587	0,6831	0,0500	0,5534	0,0480	0,6101
41	0,0605	0,7436	0,0560	0,6094	0,0520	0,6581
44	0,0665	0,8108	0,0542	0,6636	0,0470	0,7051
47	0,0642	0,8743	0,0492	0,7128	0,0535	0,7586
50	0,0591	0,9334	0,0513	0,7641	0,0511	0,8097

Tabelle VI.

Rostversuche in ruhendem Meerwasser.

(Hierzu graphische Darstellungen III und VI.)

Zeit in Tagen	Gußeisenrohr		Schweißeisenrohr		Flußeisenrohr	
	Gewichts-verlust in g	Gesamt-gewichts-verlust in g	Gewichts-verlust in g	Gesamt-gewichts-verlust in g	Gewichts-verlust in g	Gesamt-gewichts-verlust in g
	C	c	C	c	C	c
2	0,0356	0,0356	0.0286	0,0286	0,0277	0,0277
5	0,0636	0,0992	0,0311	0,0597	0,0291	0,0568
8	0,0557	0,1549	0,0387	0,0984	0,0363	0,0931
11	0,0534	0,2083	0,0496	0,1480	0,0390	0,1321
14	0,0634	0,2717	0,0496	0,1976	0,0388	0,1709
17	0,0585	0,3302	0,0450	0,2426	0,0415	0,2124
20	0,0543	0,3845	0,0394	0,2820	0,0434	0,2558
23	0,0524	0,4369	0,0466	0,3286	0,0507	0,3065
26	0,0441	0,4810	0,0500	0,3786	0,0400	0,3465
29	0,0445	0,5255	0,0400	0,4186	0,0460	0,3925
32	0,0525	0,5780	0,0441	0,4627	0,0420	0,4345
35	0,0560	0,6340	0,0456	0,5083	0,0405	0,4750
38	0,0490	0,6830	0,0403	0,5486	0,0497	0,5247
41	0,0516	0,7346	0,0440	0,5926	0,0495	0,5742
44	0,0420	0,7766	0,0500	0,6426	0,0427	0,6169
47	0,0478	0,8244	0,0305	0,6731	0,0433	0,6602
50	0,0481	0,8725	0,0361	0,7092	0,0421	0,7023

Tabelle VII.

Rostversuche in ruhendem destillierten Wasser unter Zuführung von Sauerstoff.

Versuchsmaterial	Anfangs-gewicht	End-gewicht	Gesamt-gewichts-verlust	Durch-schnittl. täglicher Gewichts-verlust	Durchschnittlicher Gewichtsverlust	
					während der ersten 20 Tage	während der übrigen Dauer
Gußeisen . . 259	219,4100	215,3209	3,6091	0,07230	0,07576	0,06647
Schweißeisen . 258	237,1291	233,9958	3,1333	0,06266	0,06508	0,06105
Flußeisen . . 257	240,9134	237,7799	3,1335	0,06266	0,06761	0,05937

Tabelle VIII.

Rostversuche in ruhendem destillierten Wasser unter Zuführung von Kohlensäure.

Versuchsmaterial	Anfangs-gewicht	End-gewicht	Gesamt-gewichts-verlust	Durch-schnittl. täglicher Gewichts-verlust	Durchschnittlicher Gewichtsverlust	
					während der ersten 20 Tage	während der übrigen Dauer
Gußeisen . . 259	218,2514	213,7534	4,4980	0,08998	0,10743	0,08080
Schweißeisen . 258	239,0276	235,8104	3,2172	0,06435	0,07220	0,05578
Flußeisen . . 257	235,4086	232,4059	3,0027	0,06005	0,07595	0,04949

Tabelle IX.

Rostversuche in ruhendem destillierten Wasser unter Zuführung von Sauerstoff.

(Hierzu graphische Darstellungen VII und IX.)

Zeit in Tagen	Gußeisenrohr		Schweißeisenrohr		Flußeisenrohr	
	Gewichts- verlust in g	Gesamt- gewichts- verlust in g	Gewichts- verlust in g	Gesamt- gewichts- verlust in g	Gewichts- verlust in g	Gesamt- gewichts- verlust in g
	D	d	D	d	D	d
2	0,1948	0,1948	0,1549	0,1549	0,1552	0,1552
5	0,2183	0,4131	0,1904	0,3453	0,2005	0,3557
8	0,2057	0,6188	0,1801	0,5254	0,1941	0,5498
11	0,2384	0,8572	0,2122	0,7376	0,2004	0,7502
14	0,2560	1,1132	0,2167	0,9543	0,2235	0,9737
17	0,2386	1,3518	0,2073	1,1616	0,2288	1,2025
20	0,1633	1,5151	0,1401	1,3017	0,1498	1,3523
23	0,2013	1,7164	0,1726	1,4743	0,1747	1,5270
26	0,2034	1,9198	0,2036	1,6779	0,1700	1,6970
29	0,2074	2,1272	0,2041	1,8820	0,1815	1,8785
32	0,1960	2,3232	0,1747	2,0567	0,1815	2,0600
35	0,1977	2,5209	0,1930	2,2497	0,1805	2,2405
38	0,1900	2,7109	0,1912	2,4409	0,1915	2,4320
41	0,1920	2,9029	0,1936	2,6345	0,1713	2,6033
44	0,2090	3,1119	0,1687	2,8032	0,1952	2,7985
47	0,1985	3,3104	0,1714	2,9746	0,1793	2,9778
50	0,2187	3,6091	0,1587	3,1333	0,1557	3,1335

Tabelle X.

Rostversuche in ruhendem destillierten Wasser unter Zuführung von Kohlensäure.

(Hierzu graphische Darstellungen VIII une X.)

Zeit in Tagen	Gußeisenrohr		Schweißeisenrohr		Flußeisenrohr	
	Gewichts- verlust in g	Gesamt- gewichts- verlust in g	Gewichts- verlust in g	Gesamt- gewichts- verlust in g	Gewichts- verlust in g	Gesamt- gewichts- verlust in g
	E	e	E	e	E	e
2	0,3200	0,3200	0,1678	0,1678	0,1749	0,1749
5	0,2067	0,5267	0,2199	0,3877	0,1487	0,4236
8	0,2974	0,7241	0,2476	0,6353	0,1682	0,6918
11	0,2587	0,9828	0,1248	0.7601	0,2219	0,9137
14	0,3613	1,3441	0,2147	0,9748	0,2242	1,1379
17	0,3509	1,6950	0,1920	1,1668	0,1805	1,3184
20	0,3793	2,0743	0,2772	1,4440	0,1996	1,5180
23	0,2556	2,3299	0,1982	1,6422	0,1304	1,6484
26	0,2555	2,5854	0,1643	1,8065	0,1304	1,7788
29	0,2277	2,8131	0,1611	1,9676	0,1337	1,9125
32	0,2309	3,0440	0,1719	2,1395	0,1479	2,0604
35	0,2974	3,3414	0,1545	2,2940	0,1322	2,1926
38	0,2350	3,5764	0,1800	2,4740	0,1372	2,3298
41	0,2322	3,8086	0,1942	2,6682	0,1640	2,4938
44	0.2350	4,0436	0,1744	2,8426	0,1418	2,5356
47	0,2083	4,2519	0,1769	3,0195	0,1740	2,7096
50	0,2461	4,4980	0,1977	3,2172	0,1931	3,0027

Tabelle XI.

Rostversuche in ruhendem destilliertem Wasser (100 Tage) mit fünftägiger Unterbrechung.

(Hierzu graphische Darstellung XI.)

Zeit in Tagen	Gußeisenrohr 259		Gußeisenrohr 323		Schweißeisenrohr 258		Schweißeisenrohr 319		Flußeisenrohr 257		Flußeisenrohr 315		Flußeisenrohr 317		Flußeisenrohr 321	
	Gew.-Verlust in g F	Gesamt-Gew.-Verl. in g f	Gew.-Verlust in g F	Gesamt-Gew.-Verl. in g f	Gew.-Verlust in g F	Gesamt-Gew.-Verl. in g f	Gew.-Verlust in g F	Gesamt-Gew.-Verl. in g f	Gew.-Verlust in g F	Gesamt-Gew.-Verl. in g f	Gew.-Verlust in g F	Gesamt-Gew.-Verl. in g f	Gew.-Verlust in g F	Gesamt-Gew.-Verl. in g f	Gew.-Verlust in g F	Gesamt-Gew.-Verl. in g f
10	0,1100	0,1100	0,1297	0,1297	0,0902	0,0902	0,0872	0,0872	0,1094	0,1094	0,1044	0,1044	0,1011	0,1011	0,1112	0,1112
20	0,1000	0,2100	0,1300	0,2597	0,0800	0,1702	0,0803	0,1675	0,0981	0,2075	0,1092	0,2136	0,0800	0,1911	0,0980	0,2092
30	0,1341	0,3441	0,1258	0,3855	0,0931	0,2633	0,1075	0,2750	0,1207	0,3282	0,0900	0,3036	0,1141	0,2952	0,1103	0,3195
40	0,1530	0,4971	0,1201	0,5056	0,1100	0,3733	0,1290	0,4040	0,1081	0,4363	0,1240	0,4276	0,1199	0,4151	0,1311	0,4506
50	0,1201	0,6172	0,1081	0,6137	0,1329	0,5062	0,1098	0,5138	0,1172	0,5535	0,1116	0,5392	0,1331	0,5482	0,1078	0,5584
60	0,1579	0,7751	0,1378	0,7515	0,1031	0,6093	0,1179	0,6317	0,1308	0,6843	0,1110	0,6502	0,1187	0,6669	0,1650	0,7234
70	0,1544	0,9295	0,1399	0,8914	0,1201	0,7294	0,1211	0,7528	0,1311	0,8154	0,1108	0,7610	0,1300	0,7969	0,1543	0,8777
80	0,1320	1,0615	0,1321	1,0235	0,1100	0,8394	0,1100	0,8628	0,1231	0,9385	0,1371	0,8981	0,1241	0,9210	0,1131	0,9908
90	0,1180	1,1795	0,1340	1,1575	0,1211	0,9605	0,1081	0,9709	0,1108	1,0493	0,1200	1,0181	0,1371	1,0581	0,1441	1,1349
100	0,1420	1,3215	0,1438	1,3013	0,0900	1,0505	0,1031	1,0740	0,1311	1,1804	0,1241	1,1422	0,1352	1,1933	0,1441	1,2790

Tabelle XII.

Rostversuche in destilliertem Wasser mit fünftägiger und ohne Unterbrechung.
(100 Tage.) (Gesamtgewichtsverluste.)
(Hierzu graphische Darstellung XII.)

Kurve	Rohr	G. 259	G. 323	S. 258	S. 319	Fl. 257	Fl. 315	Fl. 317	Fl. 321
Du 100 XII	Rostschicht nach je 5 Tagen entfernt	1,3215	1,3013	1,0505	1,0740	1,1804	1 1422	1,1933	1,2790
Do 100 XII	Rostschicht nicht entfernt	0,8034	0,7543	1,0236	0,9672	1,2860	1,1446	1,2626	1,3920

Tabelle XIIa.

Rostversuche in destilliertem Wasser ohne Unterbrechung mit abgedrehten Stücken.
(100 Tage.) (Gesamtgewichtsverluste.)
(Hierzu graphische Darstellung XII.)

Kurve	Rohr	G. 259	G. 323	S. 258	S. 319	Fl. 257	Fl. 315	Fl. 317	Fl. 321
Do 100 XII	unabgedreht, Rostschicht nicht entfernt	0,8034	0,7543	1,0236	0,9672	1,2860	1,1446	1,2626	1,3920
Da 100 XII	abgedreht, Rostschicht nicht entfernt	1,0731	1,1585	1,0001	0,9814	1,1300	0,9921	1,0017	1,1918

Tabelle XIII.

Rostversuche in destilliertem Wasser mit fünftägiger und ohne Unterbrechung.
(30 Tage.) (Gesamtgewichtsverluste.)
(Hierzu graphische Darstellung XIII.)

Kurve	Rohr	G. 259	G. 323	S. 258	S. 319	Fl. 257	Fl. 315	Fl. 317	Fl. 321
Do 30 XIII	Rostschicht nach je 5 Tagen entfernt	0,3441	0,3855	0,2633	0,2750	0,3282	0,3036	0,2952	0,3795
Du 30 XIII	Rostschicht nicht entfernt	0,1994	0,1834	0,2786	0,2328	0,3214	0,3060	0,3080	0,3480

Tabelle XIV.

Rostversuche im Meerwasser mit fünftägiger Unterbrechung (100 Tage).

(Hierzu graphische Darstellung XIV.)

Zeit in Tagen	Gußeisenrohr 259		Gußeisenrohr 323		Schweißeisenrohr 258		Schweißeisenrohr 319		Flußeisenrohr 257		Flußeisenrohr 315		Flußeisenrohr 317		Flußeisenrohr 321	
	Gew.-Verlust in g	Gesamt-Gew.-Verl. in g	Gew.-Verlust in g	Gesamt-Gew.-Verl. in g	Gew.-Verlust in g	Gesamt-Gew.-Verl. in g	Gew.-Verlust in g	Gesamt-Gew.-Verl. in g	Gew.-Verlust in g	Gesamt-Gew.-Verl. in g	Gew.-Verlust in g	Gesamt-Gew.-Verl. in g	Gew.-Verlust in g	Gesamt-Gew.-Verl. in g	Gew.-Verlust in g	Gesamt-Gew.-Verl. in g
	G	g	G	g	G	g	G	g	G	g	G	g	G	g	G	g
10	0,2131	0,2131	0,1821	0,1821	0,1344	0,1344	0,1471	0,1471	0,1222	0,1222	0,1163	0,1163	0,1343	0,1343	0,1594	0,1594
20	0,1634	0,3705	0,1634	0,3455	0,1509	0,2853	0,1631	0,3102	0,1782	0,3004	0,1372	0,2535	0,1477	0,2820	0,1370	0,2964
30	0,1791	0,5556	0,1728	0,5183	0,1431	0,4284	0,1588	0,4690	0,1483	0,4487	0,1431	0,3966	0,1139	0,3959	0,1700	0,4664
40	0,1830	0,7386	0,2030	0,7213	0,1100	0,5384	0,1530	0,6220	0,1788	0,6275	0,1220	0,5186	0,1561	0,5520	0,1472	0,6136
50	0,1521	0,8907	0,2011	0,9224	0,1762	0,7146	0,1721	0,7941	0,1616	0,7891	0,1039	0,6225	0,1470	0,6990	0,1637	0,7773
60	0,1930	1,0837	0,1567	1,0791	0,1730	0,8876	0,1734	0,9675	0,1530	0,9421	0,1125	0,7350	0,1374	0,8364	0,1531	0,9304
70	0,2111	1,2948	0,1971	1,2702	0,1711	1,0587	0,1520	1,1195	0,1431	1,0852	0,1300	0,8650	0,1231	0,9595	0,1601	1,0905
80	0,2304	1,5252	0,1823	1,4585	0,1634	1,2221	0,1688	1,2883	0,1648	1,2500	0,1211	0,9861	0,1139	1,0734	0,1732	1,2637
90	0,1879	1,7131	0,2031	1,6616	0,1200	1,3421	0,1754	1,4637	0,1531	1,4031	0,1321	1,1182	0,1487	1,2221	0,1478	1,4115
100	0,1900	1,9031	0,1919	1,8535	0,1412	1,4833	0,1440	1,6077	0,1467	1,5498	0,1461	1,6243	0,1192	1,3413	0,1827	1,5942

Tabelle XV.

Rostversuche in Meerwasser. (100 Tage). (Gesamtgewichtsverluste.)
(Hierzu graphische Darstellung XV.)

Kurve	Rohr	G. 259	G. 323	S. 258	S. 319	Fl. 257	Fl. 315	Fl. 317	Fl. 321
Mu 100 XV	Rostschicht nach je 5 Tagen entfernt	1,9031	1,8535	1,4833	1,6077	1,5498	1,2643	1,3413	1,5942
Mo 100 XV	Rostschicht nicht entfernt	0,9776	0,8400	1,2728	1,1252	1,2873	1,0226	1,1694	1,3943

Tabelle XV a.

Rostversuche in Meerwasser mit abgedrehten Stücken. (100 Tage.)
(Hierzu graphische Darstellung XV)

Kurve	Rohr	G. 259	G. 323	S. 258	S. 319	Fl. 257	Fl. 315	Fl. 317	Fl. 321
Mo 100 XV	unabgedreht, Rostschicht nicht entfernt	0,9776	0,8400	1,2728	1,1252	1,2873	1,0226	1,1694	1,3943
Ma 100 XV	abgedreht, Rostschicht entfernt	1,3020	1,4660	1,1931	1,2703	1,3638	1,3330	1,3743	1,4024

Tabelle XVI.

Rostversuche in fließendem Wasser mit Unterbrechung. (100 Tage.)
(Hierzu graphische Darstellung XVI.)

Kurve	Rohr	G. 259	G. 323	S. 258	S. 319	Fl. 257	Fl. 315	Fl. 317	Fl. 321
Fu 100 XV	Rostschicht nach je 5 Tagen entfernt	3,5332	3,4900	3,1490	3,3634	2,4700	2,6783	2,9625	2,5565
Fo 100 XVI	Rostschicht nicht entfernt	2,6731	2,6031	2,3341	2,5087	2,2300	2,2830	2,3354	2,5030

Tabelle XVI a.

Rostversuche in fließendem Wasser mit abgedrehten Rohrstücken. (100 Tage.)
(Hierzu graphische Darstellung XVI.)

Kurve	Rohr	G. 259	G. 323	S. 258	S. 319	Fl. 257	Fl. 315	Fl. 317	Fl. 321
Fo 100 XVI	unabgedreht, Rostschicht nicht entfernt	2,6731	2,6031	2,3341	2,5087	2,2300	2,2830	2,3354	2,5030
Fa 100 XVI	abgedreht, Rostschicht nicht entfernt	3,2050	3,1450	2,6830	2,8920	2,7935	2,6075	2,6620	2,8085

Tabelle XVII.

Rostversuche in fließendem Wasser mit fünftägiger Unterbrechung. (100 Tage.)

(Hierzu graphische Darstellung XVII.)

Zeit in Tagen	Gußeisenrohr 259		Gußeisenrohr 323		Schweißeisenrohr 258		Schweißeisenrohr 919		Flußeisenrohr 257		Flußeisenrohr 315		Flußeisenrohr 317		Flußeisenrohr 321	
	Gew.-Verlust in g	Gesamt-Gew.-Verl.in g	Gew.-Verlust in g	Gesamt-Gew.-Verl.in g	Gew.-Verlust in g	Gesamt-Gew.-Verl.in g	Gew.-Verlust in g	Gesamt-Gew.-Verl.in g	Gew.-Verlust in g	Gesamt-Gew.-Verl.in g	Gew.-Verlust in g	Gesamt-Gew.-Verl.in g	Gew.-Verlust in g	Gesamt-Gew.-Verl.in g	Gew.-Verlust in g	Gesamt-Gew.-Verl.in g
	J	h	J	i	J	i	J	i	J	i	J	i	J	i	J	i
10	0,4311	0,4311	0,4421	0,4421	0,4079	0,4079	0,3978	0,3978	0,3872	0,3872	0,4000	0,4000	0,4223	0,4223	0,3900	0,3960
20	0,3407	0,7718	0,2973	0,7394	0,3000	0,7079	0,3401	0,7379	0,2630	0,6502	0,2003	0,6003	0,2373	0,6596	0,2301	0,6201
30	0,3561	1,1279	0,3012	1,0406	0,3861	1,0940	0,3388	1,0767	0,2173	0,8675	0,2503	0,8506	0,3011	0,9607	0,2461	0,8662
40	0,3012	1,4291	0,3561	1,3967	0,2735	1,3675	0,2981	1,3748	0,1988	1,0663	0,2173	1,0679	0,2768	1,2375	0,2537	1,1199
50	0,3687	1,7978	0,3523	1,7490	0,2681	1,6356	0,3267	1,7015	0,2031	1,2694	0,2630	1,3309	0,2300	1,4075	0,2747	1,3946
60	0,3802	2,1780	0,3471	2,0961	0,3100	1,9456	0,3101	2,0110	0,2381	1,5075	0,2411	1,5720	0,3901	1,8576	0,2001	1,5947
70	0,3471	2,5251	0,3786	2,4747	0,2973	2,2429	0,3471	2,3587	0,2754	1,7829	0,2739	1,8459	0,3078	2,1654	0,2347	1,8294
80	0,3523	2,8774	0,3772	2,8519	0,2430	2,4859	0,3766	2,7353	0,2411	2,0240	0,2671	2,1130	0,2459	2,4113	0,2158	2,0452
90	0,3772	3,2546	0,3381	3,1900	0,3371	2,8230	0,3678	3,1031	0,2470	2,2710	0,2680	2,3810	0,2667	2,6780	0,2430	2,2882
100	0,2786	3,5332	0,3000	3,4900	0,3260	3,1490	0,2609	3,3640	0,2000	2,4710	0,2973	2,6783	0,2845	2,9625	0,2683	2,5565

Tabelle XVIII.

Rostversuche in Wasser und Luft (intermittierende fünftägige Unterbrechung). (100 Tage.)

(Hierzu graphische Darstellung XVIII.)

Zeit in Tagen	Gußeisenrohr 259		Gußeisenrohr 323		Schweißeisenrohr 258		Schweißeisenrohr 319		Flußeisenrohr 257		Flußeisenrohr 315		Flußeisenrohr 317		Flußeisenrohr 321	
	Gew.-Verlust in g	Gesamt-Gew.-Verl.in g	Gew.-Verlust in g	Gesamt-Gew.-Verl.in g	Gew.-Verlust in g	Gesamt-Gew.-Verl.in g	Gew.-Verlust in g	Gesamt-Gew.-Verl.in g	Gew.-Verlust in g	Gesamt-Gew.-Verl.in g	Gew.-Verlust in g	Gesamt-Gew.-Verl.in g	Gew.-Verlust in g	Gesamt-Gew.-Verl.in g	Gew.-Verlust in g	Gesamt-Gew.-Verl.in g
	H	h	H	h	H	h	H	h	H	h	H	h	H	h	H	h
20	0,1610	0,1610	0,1324	0,1324	0,2237	0,2237	0,2041	0,2041	0,3058	0,3058	0,2502	0,2502	0,2480	0,2480	0,3271	0,3271
40	0,1437	0,3047	0,1400	0,2724	0,2125	0,4302	0,2437	0,4478	0,2681	0,5739	0,2222	0,4724	0,2347	0,4827	0,3041	0,6315
60	0,1440	0,4487	0,1211	0,3935	0,2340	0,6702	0,2100	0,6578	0,2268	0,8007	0,2301	0,7025	0,2154	0,6981	0,2443	0,8755
80	0,1311	0,5798	0,1244	0,5179	0,2113	0,8815	0,2011	0,8589	0,2211	1,0218	0,2114	0,9139	0,2001	0,8982	0,2134	1,0882
100	0,1400	0,7198	0,1431	0,6610	0,2276	1,1091	0,2334	1,0923	0,2401	1,2619	0,2431	1,1570	0,2341	1,1323	0,2500	1,3382

Tabelle XIX und XX.
Rostversuche in stehendem und fließendem Wasser + Luft.
(Intermittierend 100 Tage.)

Kurve	Rohr	G. 259	G. 323	S. 258	S. 319	Fl. 257	Fl. 315	Fl. 317	Fl. 321
XIX	Stehendes Wasser und Luft Rostschicht 5 tägig entfernt	0,7198	0,6610	1,1091	1,0923	1,2619	1,1570	1,1323	1,3389
XX	Fließendes Wasser und Luft Rostschicht nicht entfernt	1,9611	1,8209	2,1011	2,0301	2,4138	2,2003	2,3108	2,4003

Tabelle XXI.
Verhalten der Rohre in NaCl-Lösungen.

g NaCl in 1 l	g-Äquival. in 1 l	G. 259	G. 323	S. 258	S. 319	Fl. 257	Fl. 315	Fl. 317	Fl. 321
0	0	0,1994	0,1834	0,2786	0,2328	0,3214	0,3060	0,3080	0,3480
10	$A \cdot 0{,}171$	0,2534	0,1852	0,3182	0,3060	0,3778	0,2860	0,3184	0,3218
0,585	$A \cdot 10^{-2}$	0,1882	0,1404	0,2192	0,1658	0,2218	0,2080	0,1658	0,2550
0,00585	$A \cdot 10^{-4}$	0,2208	0,1612	0,2858	0,2526	0,3208	0,2496	0,2526	0,3902

Tabelle XXII.
Verhalten der Rohre in Na_2SO_4-Lösungen.

g Na_2SO_4 in 1 l	g-Äquival. Na_2SO_4 in 1 l	G. 259	G. 323	S. 258	S. 319	Fl. 259	Fl. 315	Fl. 317	Fl. 321
0	0	0,1994	0,1834	0,2786	0,2328	0,3214	0,3060	0,3080	0,3480
10	$A \cdot 0{,}062$	0,2354	0,2348	0,2700	0,2236	0,3880	0,2758	0,2654	0,4002
1,612	$A \cdot 10^{-2}$	0,1311	0,1244	0,2282	0,1552	—	0,2124	0,1880	0,3992
0,01612	$A \cdot 10^{-4}$	0,2218	0,2198	0,3174	0,2230	0,4064	0,2834	0,3174	0,4290

Tabelle XXIII.
Verhalten der Rohre in $NaNO_3$-Lösungen.

g $NaNO_3$ in 1 l	g-Äquival. $NaNO_3$ in 1 l	G. 259	G. 323	S. 258	S. 319	Fl. 257	Fl. 315	Fl. 317	Fl. 321
0	0	0,1994	0,1834	0,2786	0,2328	0,3214	0,3060	0,3080	0,3480
50	$A \cdot 0{.}587$	0,2804	0,2778	0,3444	0,2838	0,4252	0,3694	0,3620	0,4802
0,851	$A \cdot 10^{-2}$	0,1954	0,2026	0,3030	0,2088	0,2968	0,2804	0,2980	0,3526
0,00851	$A \cdot 10^{-4}$	0,1998	0,1996	0,3052	0,2008	0,3096	0,2528	0,2816	0,3688

Tabelle XXIV.
Verhalten der Rohre in $NaHCO_3$-Lösungen.

g $NaHCO_3$ in 1 l	g-Äquival. $NaHCO_3$ in 1 l	G. 259	G. 323	S. 258	S. 319	Fl. 257	Fl. 315	Fl. 317	Fl. 323
0	0	0,1994	0,1834	0,2786	0,2328	0,3214	0,3060	0,3080	0,3480
10	$A \cdot 0{,}237$	0,0888	0,1288	0,2496	0,2200	0,2282	0,2628	0,2718	0,2976
0,421	$A \cdot 10^{-2}$	0,0778	0,1108	0,2102	0,2060	0,2496	0,2658	0,2796	0,2772
0,00421	$A \cdot 10^{-4}$	0,0952	0,1560	0,3088	0,1828	0,3500	0,2646	0,3116	0,3762

Tabelle XXV.
Verhalten der Rohre in Na_2CO_3-Lösungen.

g Na_2CO_3 in 1 l	g-Äquival. Na_2CO_3 in 1 l	G. 259	G. 323	S. 258	S. 319	Fl. 257	Fl. 315	Fl. 317	Fl. 323
0	0	0.1994	0,1834	0,2786	0,2328	0,3214	0,3060	0,3080	0,3480
10	$A \cdot 0,069$	0,2564	0,2816	0,2312	0,2688	0,2456	0,2790	0,2870	0,3216
1,431	$A \cdot 10^{-2}$	0,2354	0,2198	0,2144	0,2300	0,2346	0,2108	0,2142	0,2930
0,01431	$A \cdot 10^{-4}$	0,1000	0,0830	0,1520	0,2072	0,2670	0,2382	0,2340	0,2694

Tabelle XXVI.
Verhalten der Rohre in Na_2HPO_4-Lösungen.

g Na_2HPO_4 in 1 l	g-Äquival. Na_2HPO_4 in 1 l	G. 259	G. 323	S. 258	S. 319	Fl. 257	Fl. 315	Fl. 317	Fl. 321
0	0	0,1994	0,1834	0,2786	0,2328	0,3214	0,3060	0,3080	0,3480
1	$A \cdot 0,021$	0,0690	0,0600	0,1400	0,0982	0,1066	0,1046	0,1124	0,1616
0,46	$A \cdot 10^{-2}$	0,0600	0,0570	0,1746	0,0480	0,0666	0,1376	0,1522	0,0624
0,0046	$A \cdot 10^{-4}$	0,0920	0,1296	0,1624	0,1884	0,1440	0,1756	0,2118	0,2766

Tabelle XXVII.
Verhalten der Rohre in $NaNO_2$-Lösungen.

g $NaNO_2$ in 1 l	g-Äquival. $NaNO_2$ in 1 l	G. 259	G. 323	S. 258	S. 319	Fl. 257	Fl. 315	Fl. 317	Fl. 321
0	0	0,1994	0,1834	0,2786	0,2328	0,3214	0,3060	0,3080	0,3480
50	$A \cdot 0,72$	0,0760	0,0445	Spur	0,0161	0,0000	0,0000	Spur	0,0000
0,691	$A \cdot 10^{-2}$	0,0365	0,0441	0,0100	0,0181	0,0000	Spur	0,0123	0,0000
0,00691	$A \cdot 10^{-4}$	0,1357	0,1017	0,1884	0,2117	0,1894	0,1590	0,1509	0,2065

Tabelle XXVIII.
Verhalten der Rohre in NH_4Cl-Lösungen.

g Am Cl in 1 l	g-Äquival. Am Cl in 1 l	G. 259	G. 323	S. 258	S. 319	Fl. 257	Fl. 315	Fl. 317	Fl. 321
0	0	0,1994	0,1834	0,2786	0,2328	0,3214	0,3060	0,3080	0,3480
100	$A \cdot 1,87$	1,2580	1,2302	1,1420	1,1580	0,9850	1,0472	1,0766	1,0118
0,535	$A \cdot 10^{-2}$	0,4310	0,5020	0,5492	0,5594	0,5910	0,5478	0,5480	0,6268
0,00535	$A \cdot 10^{-4}$	0,2780	0,2992	0,3428	0,3284	0,4074	0,3036	0,3192	0,6280

Tabelle XXIX.
Verhalten der Rohre in $(NH_4)_2SO_4$-Lösungen.

g Am_2SO_4 in 1 l	g-Äquival. Am_2SO_4 in 1 l	G. 259	G. 323	S. 258	S. 319	Fl. 257	Fl. 315	Fl. 317	Fl. 321
0	0	0,1994	0,1834	0,2786	0,2328	0,3214	0,3060	0,3080	0,3480
200	$3,02 \cdot A$	1,3524	1,3522	1,3302	1,3038	0,9970	1,2388	1,2310	0,8062
0,661	$A \cdot 10^{-2}$	0,4134	0,4028	0,5334	0,5576	0,5072	0,4864	0,5100	0,5402
0,00661	$A \cdot 10^{-4}$	0,2680	0,2548	0,2878	0,2706	0,3568	0,2856	0,2724	0,4086

Tabelle XXX.
Verhalten der Rohre in (NH$_4$) NO$_3$ - Lösungen.

g Am NO$_3$ in 1 l	g-Äquival. Am NO$_3$ in 1 l	G. 259	G. 323	S. 258	S. 319	Fl. 257	Fl. 315	Fl. 317	Fl. 321
0	0	0,1994	0,1834	0,2786	0,2328	0,3214	0,3060	0,3080	0,3480
500	A · 6,02	5,7252	5,9446	5,1160	5,2156	3,8612	5,7148	5,7074	4,7220
0,801	A · 10^{-2}	1,2440	1,2640	1,0476	1,0186	1,1220	1,0510	1,0492	1,1250
0,00801	A · 10^{-4}	0,3820	0,3786	0,4280	0,3594	0,5120	0,3884	0,3828	0,5164

Tabelle XXXI.
Verhalten der Rohre in Ca Cl$_2$ - Lösungen.

g Ca Cl$_2$ in 1 l	g-Äquival. Ca Cl$_2$ in 1 l	G. 259	G. 323	S. 258	S. 319	Fl. 257	Fl. 315	Fl. 317	Fl. 321
0	0	0,1994	0,1834	0,2786	0,2328	0,3214	0,3060	0,3080	0,3480
1,27	A · 0,011	0,1710	0,2182	0,2940	0,2582	0,3654	0,3036	0,2910	0,3510
1,045	A · 10^{-2}	0,2522	0,2644	0,3382	0,3260	0,3524	0,3176	0,3172	0,3450
0,01045	A · 10^{-4}	0,1636	0,1780	0,2560	0,2018	0,2786	0,2210	0,2408	0,4186

Tabelle XXXII.
Verhalten der Rohre in Ca SO$_4$ - Lösungen.

g Ca SO$_4$ in 1 l	g-Äquival. Ca SO$_4$ in 1 l	G. 259	G. 323	S. 258	S. 319	Fl. 257	Fl. 315	Fl. 317	Fl. 321
0	0	0,1994	0,1834	0,2786	0,2328	0,3214	0,3060	0,3080	0,3480
0,200	A · 0,0024	0,2125	0,2263	0,2897	0,2611	0,3651	0,3211	0,3201	0,3951
0,086	A · 10^{-3}	0,1600	0,1600	0,2400	0,2407	0,2400	0,2800	0,2807	0,3151
0,0086	A · 10^{-4}	0,1951	0,2005	0,2803	0,2555	0,3110	0,3111	0,3114	0,3487

Tabelle XXXIII.
Verhalten der Rohre in Mg Cl$_2$ - Lösungen.

g Mg Cl$_2$ in 1 l	g-Äquival. Mg Cl$_2$ in 1 l	G. 259	G. 323	S. 258	S. 319	Fl. 257	Fl. 315	Fl. 317	Fl. 321
0	0	0,1994	0,1834	0,2786	0,2328	0,3214	0,3060	0,3080	0,3480
100	A · 0,983	0,2736	0,2894	0,4204	0,3398	0,4480	0,3894	0,3610	0,5212
1,017	A · 10^{-2}	0,1854	0,1832	0,2124	0,2252	0,2632	0,2322	0,2484	0,2688
0,01017	A · 10^{-4}	0,8424	0,8500	0,8004	0,7470	0,6490	0,5120	0,5516	0,6512

Tabelle XXXIV.
Verhalten der Rohre in Mg SO$_4$ - Lösungen.

g Mg SO$_4$ in 1 l	g-Äquival. Mg SO$_4$ in 1 l	G. 259	G. 323	S. 258	S. 319	Fl. 257	Fl. 315	Fl. 317	Fl. 321
0	0	0,1994	0,1834	0,2786	0,2328	0,3214	0,3060	0,3080	0,3480
25	A · 0,202	0,2760	0,2666	0,2958	0,2376	0,2842	0,3048	0,3062	0,3564
1,233	A · 10^{-2}	0,2764	0,2520	0,3064	0,2244	0,3598	0,3124	0,3240	0,3648
0,01233	A · 10^{-4}	0,5166	0,5250	0,5166	0,4960	0,3676	0,4634	0,4714	0,4104

Tabelle XXXV.
Verhalten der Rohre in K₂Cr O₇-Lösungen.

g K₂Cr₂O₇ in 1 l	g-Äquival. K₂Cr₂O₇ in 1 l	G. 259	G. 323	S. 258	S. 319	Fl. 257	Fl. 315	Fl. 317	Fl. 321
0	0	0,1994	0,1834	0,2786	0,2328	0,3214	0,3060	0,3080	0,3480
1,472	$A \cdot 10^{-2}$	Wenig örtl.gerostet	Wenig örtl.gerostet	0,0	0,0	0,0	0,0	0,0	0,0
0,1472	$A \cdot 10^{-3}$	0,1718	0,1622	0,2262	0,1800	0,1584	0,0916	0,1044	0,1366
0,01472	$A \cdot 10^{-4}$	0,2498	0,2502	0,3022	0,2890	0,3174	0,2620	0,2534	0,3408

Tabelle XXXVI.
Verhalten der Rohre gegen 1/100 Normal-Salzsäure.

Zeit in Tagen	G. 126		G. 259		G. 135		S 258		Fl. 80		Fl. 257	
	Gew.-Verl. in g (K)	Ges.-Gew.-Verl. in g (k)	Gew.-Verl. in g (K)	Ges.-Gew.-Verl. in g (k)	Gew.-Verl. in g (K)	Ges.-Gew.-Verl. in g (k)	Gew.-Verl. in g (K)	Ges.-Gew.-Verl. in g (k)	Gew.-Verl. in g (K)	Ges.-Gew.-Verl. in g (k)	Gew.-Verl. in g (K)	Ges.-Gew.-Verl. in g (k)
2	0,0350	0,0350	0,0371	0,0371	0,0364	0,0364	0,0212	0,0212	0,0198	0,0198	0,0153	0,0153
2	0,0564	0,0914	0,1568	0,1939	0,0670	0,1034	0,0545	0,0757	0,0178	0,0376	0,0100	0,0253
2	0,0146	0,1060	0,0092	0,2031	0,0230	0,1264	0,0072	0,0829	0,0105	0,0481	0,0034	0,0287
2	0,0454	0,1514	0,0549	0,2580	0,0354	0,1618	0,0135	0,0964	0,0134	0,0625	0,0073	0,0360
2	0,0299	0,1813	0,0370	0,2950	0,0490	0,2108	0,0061	0,1025	0,0049	0,0674	0,0048	0,0408
2	0,0403	0,2216	0,0423	0,3373	0,0424	0,2532	0,0095	0,1120	0,0108	0,0782	0,0055	0,0463
2	0,0284	0,2500	0,0295	0,3668	0,0355	0,2887	0,0089	0,1209	0,0107	0,0889	0,0045	0,0508
2	0,0443	0,2943	0,0369	0,4037	0,0412	0,3299	0,0110	0,1319	0,0118	0,0997	0,0077	0,0585
2	0,0191	0,3134	0,0208	0,4245	0,0232	0,3531	0,0059	0,1378	0,0067	0,1064	0,0025	0,0610
2	0,0235	0,3369	0,0161	0,4406	0,0243	0,3774	0,0048	0,1426	0,0066	0,1130	0,0008	0,0618

Tabelle XXXVII.
Verhalten der Rohre gegen 1/40 Normal-Salzsäure.

Zeit in Tagen	G. 126		G. 259		G. 135		S. 258		Fl. 80		Fl. 257	
	Gew.-Verl. in g (L)	Ges.-Gew.-Verl. in g (l)	Gew.-Verl. in g (L)	Ges.-Gew.-Verl. in g (l)	Gew.-Verl. in g (L)	Ges.-Gew.-Verl. in g (l)	Gew.-Verl. in g (L)	Ges.-Gew.-Verl. in g (l)	Gew.-Verl. in g (L)	Ges.-Gew.-Verl. in g (l)	Gew.-Verl. in g (L)	Ges.-Gew.-Verl. in g (l)
2	0,1282	0,1282	0,1571	0,1571	0,1719	0,1719	0,0440	0,0440	0,0265	0,0265	0,0217	0,0217
2	0,1075	0,2357	0,1494	0,3065	0,1265	0,2984	0,0258	0,0698	0,0280	0,0545	0,0166	0,0383
2	0,1451	0,3808	0,1591	0,4656	0,1723	0,4707	0,0314	0,1012	0,0147	0,0692	0,0240	0,0623
2	0,0431	0,4239	0,1284	0,5940	0,1813	0,6520	0,0641	0,1653	0,0212	0,0904	0,0154	0,0777
2	0,2429	0,6668	0,1429	0,7369	0,1105	0,7625	0,0623	0,2276	0,0191	0,1095	0,0163	0,0940
2	0,1169	0,7837	0,1265	0,8634	0,1357	0,8982	0,0371	0,2647	0,0216	0,1311	0,0158	0,1098
2	0,0819	0,8656	0,1048	0,9682	0,1114	1,0096	0,0257	0,2904	0,0222	0,1533	0,0165	0,1263
2	0,0860	0,9516	0,0845	1,0527	0,1105	1,1201	0,0291	0,3195	0,0426	0,1959	0,0215	0,1478
2	0,1004	1,0520	0,1099	1,1626	0,1318	1,2519	0,0211	0,3406	0,0159	0,2118	0,0215	0,1693
2	0,1612	1,2132	0,1485	1,3111	0,1410	1,3929	0,0284	0,3690	0,0169	0,2287	0,0215	0,1908
2	0,1605	1,3737	0,1359	1,4470	0,1518	1,5447	0,0291	0,3981	0,0175	0,2462	0,0267	0 2175
2	0,0520	1,4257	0,0256	1,4726	0,0952	1,6399	0,0366	0,4347	0,0235	0,2697	0,0267	0,2442
2	0,1021	1,5278	0,0945	1,5671	0,1135	1,7534	0,0179	0,4526	0,9000	0,2787	0,0182	0,2624
2	0,0660	1,5938	0,0847	1,6518	0,0887	1,8421	0,0333	0,4859	0,0196	0,2983	0,0237	0,2861
2	0,1112	1,7050	0,0953	1,7471	0,1198	1,9619	0,0329	0,5188	0,0186	0,3169	0,0400	0,3261

Tabelle XXXVIII.

Verhalten der Rohre in ¹/₁₀ Normal-Salzsäure.

Zeit in Tagen	G. 126		G. 259		G. 135		S. 258		Fl. 80		Fl. 257	
	Gew.-Verl. in g	Ges.-Gew.-Verl. in g	Gew.-Verl. in g	Ges.-Gew.-Verl. in g	Gew.-Verl. in g	Ges.-Gew.-Verl. in g	Gew.-Verl. in g	Ges.-Gew.-Verl. in g	Gew.-Verl. in g	Ges.-Gew.-Verl. in g	Gew.-Verl. in g	Ges.-Gew.-Verl. in g
	M	m	M	m	M	m	M	m	M	m	M	m
2	0,2949	0,2949	0,3652	0,3652	0,3760	0,3760	0,2813	0,2813	0,0557	0,0557	0,0631	0,0631
2	0,4025	0,6974	0,6487	1,0139	0,8847	1,2607	0,3879	0,6692	0,0444	0,1001	0,0595	0,1226
2	0,3215	1,0189	0,3551	1,3690	0,2400	1,5007	0,3276	0,9968	0,0360	0,1361	0,0282	0,1508
2	0,2071	1,2260	0,1296	1,5986	0,1014	1,6021	0,0948	1,0916	0,0333	0,1694	0,0246	0,1754
2	0,3950	1,6210	0,3738	1,9724	0,3808	1,9829	0,2757	1,3673	0,0382	0,2076	0,0431	0,2185
2	0,2696	1,8906	0,1708	2,1432	0,2142	2,1971	0,1092	1,4765	0,0374	0,2450	0,0308	0,2493
2	0,2173	2,1079	0,1375	2,2807	0,1570	2,3541	0,0882	1,5647	0,0393	0,2843	0,0269	0,2762
2	0,1626	2,2705	0,0647	2,3454	0,0904	2,4445	0,1545	1,7192	0,0489	0,3332	0,0363	0,3125
2	0,2250	2,4955	0,2324	2,5778	0,2993	2,7438	0,2185	1,9377	0,0461	0,3793	0,0289	0,3414
2	0,2843	2,7798	0,2517	2,8295	0,2802	3,0240	0,2964	2,2341	0,0546	0,4339	0,0419	0,3833

Tabelle XXXIX.

Verhalten der Rohre gegen ¹/₅ Normal-Salzsäure.

Zeit in Tagen	G. 126		G. 259		G. 135		S. 258		Fl. 80		Fl. 257	
	Gew.-Verl. in g	Ges.-Gew.-Verl. in g	Gew.-Verl. in g	Ges.-Gew.-Verl. in g	Gew.-Verl. in g	Ges.-Gew.-Verl. in g	Gew.-Verl in g	Ges -Gew.-Verl. in g	Gew.-Verl. in g	Ges.-Gew.-Verl. in g	Gew.-Verl. in g	Ges.-Gew.-Verl. in g
	N	n	N	n	N	n	N	n	N	n	N	n
2	0,5784	0,5784	0,1941	0,1941	0,6778	0,6778	0,8479	0,8479	0,0444	0,0444	0,0617	0,0617
2	0,5275	1,1059	0,3828	0,5769	0,3619	1,0397	0,6655	1,5134	0,0259	0,0703	0,0372	0,0989
2	0,5587	1,6646	0,3422	0,9191	0,7742	1,8139	0,8390	2,3524	0,0372	0,1075	0,0377	0,1366
2	0,0864	1,7510	0,2648	1,1829	0,2894	2,1033	0,9310	3,2834	0,0391	0,1466	0,0398	0,1764
2	0,9347	2,6857	0,3072	1,4911	0,6036	2,7069	0,4320	3,7154	0,0580	0,2046	0,0733	0,2497
2	0,7581	3,4438	0,2879	1,7790	0,5936	3,3005	0,3604	4,0758	0,0779	0,2825	0,0785	0,3282
2	0,4652	3,9190	0,2396	2,0186	—	—	0,2721	4,3479	0,0795	0,3620	0,0765	0,4047
2	0,2633	4,1823	0,2025	2,2211	0,2472	3,5477	0,2255	4,5734	0,0868	0,4488	0,0832	0,4879
2	0,2862	4,4685	0,2092	2,2303	0,1660	3,7137	0,1120	4,6854	0,0932	0,5420	0,0950	0,5829
2	0,3604	4,8289	0,2067	2,4370	0,2088	3,9225	0,2206	4,8160	0,0825	0,6275	0,0694	0,6523
2	0,3242	5,1531	0,1415	2,5785	0,2164	4,1389	0,1214	0,9374	0,0910	0,7185	0,0973	0,7496
2	0,0659	5,2190	0,0354	2,6139	0,0455	4,1844	0,0362	0,9736	0,1018	0,8203	0,1011	0,8507

Tabelle XL.
Verhalten der Rohre gegen ¹/₁₀₀ Normal-Schwefelsäure.

Zeit in Tagen	G. 126		G. 259		G. 135		S. 258		Fl. 80		Fl. 257	
	Gew.-Verl. in g	Ges.-Gew.-Verl. in g	Gew.-Verl. in g	Ges.-Gew.-Verl. in g	Gew.-Verl. in g	Ges.-Gew.-Verl. in g	Gew.-Verl. in g	Ges.-Gew.-Verl. in g	Gew.-Verl. in g	Ges.-Gew.-Verl. in g	Gew.-Verl. in g	Ges.-Gew.-Verl. in g
	O	o	O	o	O	o	O	o	O	o	O	o
2	0,0180	0,0180	0,0147	0,0147	0,0161	0,0161	0,0099	0,0099	0,0136	0,0136	0,0116	0,0116
2	0,0659	0,0839	0,0322	0,0469	0,0852	0,1013	0,0142	0,0241	0,0214	0,0350	0,0125	0,0241
2	0,0122	0,0961	0,0218	0,0687	0,0187	0,1200	0,0076	0,0317	0,0059	0,0409	0,0028	0,0269
2	0,0533	0,1494	0,0535	0,1222	0,0546	0,1746	0,0113	0,0430	0,0090	0,0499	0,0048	0,0317
2	0,0409	0,1903	0,0485	0,1707	0,0478	0,2224	0,0071	0,0501	0,0082	0,0581	0,0027	0,0344
2	0,0497	0,2400	0,0543	0,2250	0,0505	0,2729	0,0096	0,0597	0,0085	0,0666	0,0066	0,0410
2	0,0305	0,2705	0,0272	0,2522	0,0360	0,3089	0,0058	0,0655	0,0082	0,0748	0,0040	0,0450
2	0,0656	0,3361	0,1043	0,3565	0,1350	0,4439	0,0164	0,0819	0,0170	0,0918	0,0069	0,0519
2	0,0484	0,3845	0,0516	0,4081	0,0525	0,4964	0,0098	0,0917	0,0112	0,1030	0,0052	0,0571
2	0,0481	0,4326	0,0528	0,4609	0,0603	0,5567	0,0123	0,1040	0,0111	0,1141	0,0062	0,0633

Tabelle XLI.
Verhalten der Rohre gegen ¹/₅₀ Normal-Schwefelsäure.

Zeit in Tagen	G. 126		G. 259		G. 135		S. 258		Fl. 80		Fl. 257	
	Gew.-Verl. in g	Ges.-Gew.-Verl. in g	Gew.-Verl. in g	Ges.-Gew.-Verl. in g	Gew.-Verl. in g	Ges.-Gew.-Verl. in g	Gew.-Verl. in g	Ges.-Gew.-Verl. in g	Gew.-Verl. in g	Ges.-Gew.-Verl. in g	Gew.-Verl. in g	Ges.-Gew.-Verl. in g
	P	p	P	p	P	p	P	p	P	p	P	p
2	0,1225	0,1225	0,1786	0,1786	0,2020	0,2020	0,0385	0,0385	0,0244	0,0244	0,0209	0,0209
2	0,2332	0,3557	0,1374	0,3160	0,1316	0,3336	0,0263	0,0648	0,0146	0,0390	0,0152	0,0361
2	0,1493	0,5050	0,1641	0,4800	0,2020	0,5356	0,0216	0,0864	0,0138	0,0528	0,0170	0,0531
2	0,1403	0,6453	0,1642	0,6442	0,1990	0,7346	0,0223	0,1087	0,0384	0,0912	0,0223	0,0754
2	0,1536	0,8089	0,1706	0,8148	0,1954	0,9300	0,0260	0,1347	0,0301	0,1213	0,0136	0,0890
2	0,1073	0,9162	0,0650	0,8798	0,0808	1,0108	—	—	—	—	0,0103	0,0993
2	0,1227	1,0389	0,1307	1,0105	0,1089	1,1197	0,0148	0,1495	0,0264	0,3477	0,0142	0,1135
2	0,1000	1,1389	0,1250	1,1355	0,1404	1,2601	0,0142	0,1637	0,0040	0,3517	—	—
2	0,1032	1,2421	0,1208	1,2563	0,1557	1,4158	0,0145	0,1782	0,0195	0,3712	0,0260	0,1395
2	0,1638	1,4059	0,1808	1,4371	0,1927	1,6085	0,0240	0,2022	0,0183	0,3895	0,0178	0,1573
2	0,1499	1,5558	0,1758	1,6129	0,2040	1,8125	0,0250	0,2272	0,0218	0,4113	0,0185	0,1758
2	0,0431	1,5989	—	—	0,0015	1,8140	0,0235	0,2507	0,0220	0,4333	0,0137	0,1895
2	0,0705	1,6694	0,0857	1,6986	0,0918	1,9058	0,0157	0,2664	0,0144	0,4477	0,0136	0,2031
2	0,0825	1,7529	0,0924	1,7910	0,0917	1,9975	0,0189	0,2853	0,0204	0,4681	0,0134	0,2165
2	0,0730	1,8259	0,0729	1,8639	0,0691	2,0666	0,0154	0,3007	0,0211	0,4892	0,0145	0,2310

Tabelle XLII.

Verhalten der Rohre gegen ¹/₁₀ Normal-Schwefelsäure.

Zeit in Tagen	G. 126		G. 259		G. 135		S. 258		Fl. 80		Fl. 257	
	Gew.-Verl. in g	Ges.-Gew.-Verl. in g	Gew.-Verl. in g	Ges.-Gew.-Verl. in g	Gew.-Verl. in g	Ges.-Gew.-Verl. in g	Gew.-Verl. in g	Ges.-Gew.-Verl. in g	Gew.-Verl. in g	Ges.-Gew.-Verl. in g	Gew.-Verl. in g	Ges.-Gew.-Verl. in g
	Q	q	Q	q	Q	q	Q	q	Q	q	Q	q
2	0,3247	0,3247	0,3757	0,3757	0,3895	0,3895	0,1638	0,1638	0,0974	0,0974	0,0327	0,0327
2	0,4811	0,8058	0,6430	1,0187	0,6776	1,0671	0,1880	0,3518	0,0946	0,1920	0,0264	0,0591
2	0,3110	1,1168	0,4139	1,4326	0,3450	1,4121	0,0849	0,4367	0,0371	0,2291	0,0166	0,0757
2	0,3123	1,4291	0,2352	1,6678	0,2397	1,6518	0,1931	0,6298	0,0504	0,2795	0,0267	0,1024
2	0,3663	1,7954	0,3201	1,9879	0,3430	1,9948	0,3037	0,9335	0,0663	0,3458	0,0313	0,1337
2	0,2436	2,0380	0,1536	2,1415	0,1706	2,1654	0,1980	1,1315	0,0657	0,4115	0,0272	0,1609
2	0,1874	2,2264	0,1582	2,2997	0,1997	2,3651	0,1813	1,3128	0,0628	0,4743	0,0238	0,1847
2	0,1825	2,4089	0,1235	2,4232	0,1675	2,5326	0,2302	1,5430	0,0720	0,5463	0,0350	0,2197
2	0,2362	2,6451	0,3059	2,7291	0,2922	2,8248	0,1913	1,7343	0,0756	0,6219	0,0306	0,2503
2	0,1935	2,8386	0,3343	3,0634	0,2664	3,0912	0,1883	1,9226	0,0643	0,6862	0,0446	0,2949

Tabelle XLIII.

Verhalten der Rohre gegen ¹/₅ Normal-Salzsäure.

Zeit in Tagen	m. Haut G. 259		ohne Haut G. 259		m. Haut S 258		ohne Haut S. 258		m. Haut Fl. 257		ohne Haut Fl. 257	
	Gew.-Verl. in g	Ges.-Gew.-Verl. in g	Gew.-Verl. in g	Ges.-Gew.-Verl. in g	Gew.-Verl. in g	Ges.-Gew.-Verl. in g	Gew.-Verl. in g	Ges.-Gew.-Verl. in g	Gew.-Verl. in g	Ges.-Gew.-Verl. in g	Gew.-Verl. in g	Ges.-Gew.-Verl. in g
	R	r	R	r	R	r	R	r	R	r	R	r
2	0,3414	0,3414	0,3703	0,3703	0,3670	0,3670	0,2919	0,2919	0,3423	0,3423	0,2813	0,2813
2	0,5816	0,9230	0,6520	1,0223	0,3350	0,7020	0,3864	0,6783	0,3234	0,6657	0,2613	0,5426
2	0,3400	1,2630	1,4780	2,5003	0,4016	1,1036	0,4667	1,1450	0,2940	0,9597	0,3485	0,8911
2	1,1768	2,4398	1,4486	3,9489	0,5171	1,6207	0,3775	1,5225	0,3098	1,2695	0,3500	1,1411
2	1,5532	3,9930	1,7814	5,7303	0,4161	2,0368	0,5483	2,0708	0,2171	1,4866	0,2136	1,3547
2	0,7990	4,7920	0,8300	6,5603	0,2342	2,2710	0,3926	2,4634	0,2400	1,7266	0,1739	1,5286
2	1,4430	6,2350	1,3077	7,8680	0,2010	2,4720	0,2839	2,7473	0,2470	1,9736	0,2264	1,7550
2	0,8104	7,0454	1,2889	9,1569	0,2024	2,6744	0,2867	3,0140	0,1213	2,0949	0,1306	1,8856
2	1,3476	8,3930	1,4384	10,5953	0,2441	2,9185	0,2974	3,3114	0,1382	2,2331	0,2365	2,1221
2	0,9291	9,3221	1,7150	12,3103	0,2235	3,1420	0,1856	3,4970	0,1195	2,3526	0,1322	2,2543
2	2,3336	11,6557	1,6831	13,9934	0,2063	3,3483	0,1913	3,6883	0,1202	2,4728	0,1387	2,3930
2	1,8242	13,4799	2,0287	16,0221	0,4331	3,7814	0,5685	4,2568	0,3540	2,8268	0,1520	2,5450
1	0,7161	14,1960	1,7376	17,7597	0,1656	3,9470	0,1901	4,4469	0,0098	2,8366	0,1185	2,6635
2	0,8964	15,0924	1,0856	18,8453	0,1800	4,1270	1,0850	5,5319	0,1000	2,9366	0,1406	2,8041
2	1,0606	16,1530	1,4285	20,2738	0,1830	4,3100	0,3195	5,8514	0,0948	3,0314	0,1080	2,9121
2	1,1388	17,2918	1,2565	21,5303	0,1200	4,4300	0,2898	6,1412	0,1146	3,1460	0,1836	3,0957

Tabelle XLIV.

Verhalten der Rohre mit und ohne Haut gegen ½ Normal-Schwefelsäure.

Zeit in Tagen	G. 259 mit G-Haut		G. 259 ohne G-Haut		S. 258 mit W-Haut		S. 258 ohne W-Haut		Fl. 257 mit W-Haut		Fl. 257 ohne W-Haut	
	Gew.-Verl. in g	Ges.-Gew.-Verl. in g	Gew.-Verl. in g	Ges.-Gew.-Verl. in g	Gew.-Verl. in g	Ges.-Gew.-Verl. in g	Gew.-Verl in g	Ges.-Gew.-Verl. in g	Gew.-Verl. in g	Ges.-Gew.-Verl. in g	Gew.-Verl. in g	Ges.-Gew.-Verl. in g
	N	s	N	s	N	s	S	s	N	s	S	s
2	0,5405	0,5405	0,3850	0,3850	0,7169	0,7169	0,4580	0,4580	0,4484	0,4484	0,4230	0,4230
2	0,2845	0,8250	0,2470	0,6320	0,3458	1,0627	0,3083	0,7663	0,3640	0,8124	0,3544	0,7774
2	1,0138	1,8388	0,2600	0,8920	0,3235	1,3862	0,3745	1,1408	0,3285	1,1409	0,3394	1,1168
2	1,7528	3,5916	2,8321	3,7241	0,2799	1,6661	0,7029	1,8437	0,3712	1,5121	0,2739	1,3907
2	1,7034	5,2950	3,1789	6,9030	0,3782	2,0443	0,5670	2,4107	0,1091	1,6212	0,2352	1,6259
2	0,8560	6,1510	1,2305	8,1335	0,2419	2,2862	0,3956	2,8063	0,2612	1,8824	0,2834	1,9093
2	1,0695	7,2205	1,3735	9,5070	0,1590	2,4452	0,3757	3,1820	0,1715	2,0539	0,1992	2,1085
2	0,5825	7,8030	0,6650	10,1720	0,1380	2,5832	0,2628	3,4448	0,0899	2,1438	0,0907	2,1992
2	0,7520	8,5550	0,9950	10,1670	0,1914	2,7746	0,3188	3,7636	0,1454	2,2892	0,1613	2,3605
2	0,7500	9,3050	1,1347	11,3017	0,1102	2,8848	0,2540	4,0176	0,1142	2,4034	0,2470	2,6075
2	0,7629	10,0679	1,1266	12,4283	0,1025	2,9873	0,2364	4,2540	0,1123	2,4157	0,0636	2,6711
2	0,8995	10,9674	0,7458	13,1741	0,1899	3,1772	0,3122	4,5662	0,1067	2,5124	0,0348	2,7059
2	0,8320	11,7994	0,9401	14,1142	0,1340	3,3112	0,1245	4,6907	0,0894	2,6018	0,0585	2,7644
2	0,5392	12,3386	0,7250	14,7392	0,1032	3,4144	0,1446	4,8353	0,0906	2,6924	0,0602	2,8246
2	0,4664	12,8050	0,5360	15,2752	0,0818	3,4961	0,0613	4,8966	0,0435	2,7359	0,0444	2 8690
2	0,3635	13,1685	0,5006	15,7758	0,0690	3,5651	0,0388	4,9354	0,1223	2,8582	0,1260	2,9950

Tabelle XLV.

Verhalten der Rohre gegen 3,34 proz. Phosphorsäure.

Zeit in Tagen	G. 126		G. 259		G. 135		S. 258		Fl. 80		Fl. 257	
	Gew.-Verl. in g	Ges.-Gew.-Verl. in g	Gew.-Verl. in g	Ges.-Gew.-Verl. in g	Gew.-Verl. in g	Ges.-Gew.-Verl. in g	Gew.-Verl. in g	Ges.-Gew.-Verl. in g	Gew.-Verl. in g	Ges.-Gew.-Verl. in g	Gew.-Verl. in g	Ges.-Gew.-Verl. in g
	T	t	T	t	T	t	T	t	T	t	T	t
2	0,2635	0,2635	0,3207	0,3207	0,3483	0,3483	0,1329	0,1329	0,0301	0,0301	0,0279	0,0279
2	0,4060	0,6695	0,2645	0,5852	0,3486	0,6969	0,2030	0,3359	0,0263	0,0564	0,0318	0,0597
2	0,2693	0,9388	0,2170	0,8022	0,2636	0,9605	0,1846	0,5205	0,0198	0,0762	0,0230	0,0827
2	0,3002	1,2390	0,2439	1,0461	0,3172	1,2777	0,1755	0,6960	0,0296	0,1058	0,0341	0,1168
2	0,2564	1,4954	0,2191	1,2652	0,2646	1,5423	0,1980	0,8940	0,0345	0,1403	0,0370	0,1538
2	0,2222	1,7176	0,0943	1,3595	0,2241	1,7664	0,1821	1,0761	0,0383	0,1786	0,0366	0,1904
2	0,2043	1,9219	0,0331	1,3926	0,2331	1,9995	0,1444	1,2205	0,0417	0,2203	0,0322	0,2226
2	0,1703	2,0922	0,1626	1,5552	0,1626	2,1621	0,0731	1,2936	0,0413	0,2616	0,0319	0,2545
2	0,1571	2,2493	0,2185	1,7737	0,2285	2,3906	0,1129	1,4065	0,0346	0,2962	0,0279	0,2824
2	0,1898	2,4391	0,2792	2,0529	0,2892	2,6798	0,1214	1,5279	0,0414	0,3376	0,0296	0,3120

Tabelle XLVI.

Verhalten der Rohre gegen Essigsäure (0,5 %).

Zeit in Tagen	G. 259		G. 117		G. 126		G. 135		Fl. 80		Fl. 257		S. 258		Fl. 46	
	Gew.-Verlust in g	Gesamt-Gew.-Verl.in g	Gew.-Verlust in g	Gesamt-Gew.-Verl.in g	Gew.-Verlust in g	Gesamt-Gew.-Verl.in g	Gew.-Verlust in g	Gesamt-Gew.-Verl.in g	Gew.-Verlust in g	Gesamt-Gew.-Verl.in g	Gew.-Verlust in g	Gesamt-Gew.-Verl.in g	Gew.-Verlust in g	Gesamt-Gew.-Verl.in g	Gew.-Verlust in g	Gesamt-Gew.-Verl.in g
	U	u	U	u	U	u	U	u	U	u	U	u	U	u	U	u
2	0,0781	0,0781	0,0746	0,0746	0,0653	0,0653	0,0908	0,0908	0,0090	0,0090	0,4315	0,4315	0,3180	0,3180	0,0093	0,0093
2	0,1094	0,1875	0,1244	0,1990	0,1915	0,2568	0,1714	0,2622	0,0076	0,0166	0,1077	0,5392	0,1300	0,4480	0,0073	0,0166
2	0,2119	0,3994	0,2077	0,4067	0,0000	0,2568	0,3092	0,5714	0,0069	0,0235	0,1015	0,6407	0,1500	0,5980	0,0098	0,0264
2	0,4091	0,8085	0,1290	0,5357	0,0762	0,3330	0,2801	0,8515	0,0076	0,0311	0,1379	0,7786	0,1386	0,7366	0,0099	0,0263
2	0,5398	1,3483	0,3075	0,8432	0,2339	0,5669	0,4391	1,2906	0,0209	0,0520	0,1974	0,9760	0,4593	1,1959	0,0237	0,0500
2	0,3404	1,6887	0,2625	1,0057	0,3538	0,9207	0,2352	1,5258	0,0182	0,0702	0,2452	1,1212	0,3209	1,5168	0,0200	0,0700
2	0,2015	1,8902	0,1190	1,1247	0,2098	1,1305	0,2196	1,7454	0,0058	0,0760	0,0925	1,2137	0,1827	1,6995	0,0128	0,0828
2	0,2213	2,1115	0,1232	1,2479	0,2310	1,3615	0,1342	1,8796	0,0105	0,0865	0,0834	1,2971	0,1265	1,8260	0,0142	0,0970
2	0,1478	2,2593	0,0849	1,3328	0,2918	1,6533	0,1539	2,0335	0,0108	0,0973	0,0656	1,3627	0,1230	1,9490	0,0158	0,1128
2	0,1716	2,4309	0,0966	1,4294	0,1436	1,7969	0,0779	2,1114	0,0086	0,1059	0,0091	1,3718	0,0125	1,9615	0,0129	0,1257

Tabelle XLVII.
Verhalten der Rohre in Essigsäure (200 ccm Eisessig auf 10 Liter H₂0).

Zeit in Tagen	G. 126		G. 259		G. 135		S. 258		Fl. 80		Fl. 257	
	Gew.-Verl. in g	Ges.-Gew.-Verl. in g	Gew.-Verl. in g	Ges.-Gew.-Verl. in g	Gew.-Verl. in g	Ges.-Gew.-Verl in g	Gew.-Verl. in g	Ges.-Gew.-Verl. in g	Gew.-Verl. in g	Ges.-Gew.-Verl. in g	Gew.-Verl. in g	Ges.-Gew.-Verl. in g
	V	v	V	v	V	v	V	v	V	v	V	v
2	0,0585	0,0585	0,0991	0,0991	0,0942	0,0942	0,0159	0,0159	0,0127	0,0127	0,0052	0,0052
2	0,0377	0,0962	0,1029	0,2020	0,0584	0,1526	0,0084	0,0143	0,0019	0,0146	0,0007	0,0059
2	0,0435	0,1397	0,1454	0,3474	0,0642	0,2168	0,0101	0,0244	0,0042	0,0188	0,0043	0,0102
2	0,0488	0,1885	0,2255	0,5729	0,0830	0,2998	0,0035	0,0279	0,0009	0,0197	0,0022	0,0124
2	0,0625	0,2510	0,2819	0,8548	0,1105	0,3103	0,0098	0,0277	0,0035	0,0232	0,0007	0,0131
2	0,0860	0,3370	0,3202	1,1750	0,1759	0,4862	0,0085	0,0362	0,0067	0,0299	0,0043	0,0174
2	0,0906	0,4276	0,2809	1,3559	0,2166	0,7028	0,0079	0,0441	0,0052	0,0351	0,0030	0,0204
2	0,1024	0,5300	0,2547	1,6106	0,2293	0,9321	0,0173	0,0614	0,0046	0,0397	0,0024	0,0228
2	0,1122	0,6422	0,2611	1,8717	0,2327	1,1648	0,0130	0,0744	0,0036	0,0433	0,0024	0,0252
2	0,1544	0,7966	0,2063	2,0780	0,2944	1,4592	0,0034	0,0778	0,0033	0,0466	0,0015	0,0267
2	0,1124	0,9090	0,0606	2,1386	0,2449	1,7041	0,0031	0,0809	0,0031	0,0497	0,0008	0,0275
2	0,1084	1,0174	0,0965	2,2351	0,0749	1,7790	0,0103	0,0912	0,0082	0,0579	0,0061	0,0336

Tabelle XLVIII.
Verhalten der Rohre in Essigsäure (0,52 proz.).

Zeit in Tagen	G. 259		S. 258		Fl. 257	
	Gewichts-Verlust in g	Gesamt-Gewichts-Verlust in g	Gewichts-Verlust in g	Gesamt-Gewichts-Verlust in g	Gewichts-Verlust in g	Gesamt-Gewichts-Verlust in g
	W	w	W	w	W	w
2	1,1354	1,1354	0,3180	0,3180	0,4315	0,4315
2	1,7648	2,9002	0,1300	0,4480	0,1077	0,5392
2	3,2907	6,1909	0,1500	0,5980	0,1015	0,6407
2	2,5300	8,7209	0,1386	0,7366	0,1379	0,7786
2	2,5000	11,2209	0,4593	1,1959	0,1974	0,9760
2	1,7770	12,9979	0,3209	1,5168	0,2452	1,2212
2	3,0930	10,0909	0,1827	1,6995	0,0925	1,3137
2	0,6675	16,7584	0,1265	1,8260	0,0834	1,3971
2	4,3525	21,1109	0,1230	1,9490	0,0656	1,4627
2	2,0538	23,1647	0,1608	2,1098	0,1327	1,5954

Tabelle XLIX.

Verhalten der Rohre in Essigsäure (0,52 proz.).

Zeit in Tagen	Fl. Sg² 10		Fl. Sg² 23		Fl. Sg² 24		Fl. 30	
	Gew.-Verl. in g	Ges.-Gew.-Verl. in g	Gew.-Verl. in g	Ges.-Gew.-Verl. in g	Gew.-Verl. in g	Ges.-Gew.-Verl. in g	Gew.-Verl. in g	Ges.-Gew.-Verl. in g
	X	x	X	x	X	x	X	x
2	0,0595	0,0595	0,1350	0,1350	0,0972	0,0972	0,0618	0,0618
2	0,0484	0,1079	0,0490	0,1840	0,0383	0,1355	0,0583	0,1191
2	0,0640	0,1719	0,0498	0,2338	0,0475	0,1830	0,0733	0,1924
2	0,0586	0,2305	0,0508	0,2846	0,0298	0,2128	0,0610	0,2534
2	0,1522	0,3827	0,0617	0,3463	0,0677	0,2805	0,1671	0,4205
2	0,1957	0,5784	0,0624	0,4087	0,0652	0,3457	0,0331	0,4536
2	0,0973	0,6757	0,0480	0,4567	0,0445	0,3902	0,0827	0,5363
2	0,0862	0,7619	0,0511	0,5078	0,0340	0,4242	0,0573	0,5936
2	0,0900	0,8519	0,0653	0,5731	0,0452	0,4694	—	—
2	0,0930	0,9449	0,0590	0,6327	0,0248	0,4942	0,1055	0,6971

Tabelle L.

Verhalten der Rohre in Ameisensäure.

Zeit in Tagen	G. 126		G. 259		G. 135		S. 258		Fl. 80		Fl. 257	
	Gew.-Verl. in g	Ges.-Gew.-Verl. in g	Gew.-Verl. in g	Ges.-Gew.-Verl. in g	Gew.-Verl. in g	Ges.-Gew.-Verl. in g	Gew.-Verl. in g	Ges.-Gew.-Verl. in g	Gew.-Verl. in g	Ges.-Gew.-Verl. in g	Gew.-Verl. in g	Ges.-Gew.-Verl. in g
	V	v	V	v	V	v	V	v	V	v	V	v
2	0,0901	0,0901	0,2107	0,2107	0,1868	0,1868	0,0267	0,0267	0,0152	0,0152	0,0142	0,0142
2	0,0909	0,1810	0,2550	0,4657	0,2044	0,3912	0,0172	0,0439	0,0111	0,0263	0,0145	0,0287
2	0,1512	0,3322	0,2917	0,6574	0,2930	0,6842	0,0210	0,0649	0,0158	0,0421	0,0145	0,0432
2	0,2264	0,5586	0,1897	0,8471	0,2497	0,9339	0,0214	0,0863	0,0108	0,0529	0,0161	0,0593
2	0,2004	0,7590	0,2552	1,1023	0,2305	1,1634	0,0192	0,1055	0,0161	0,0690	0,0173	0,0766
2	0,2617	1,0207	0,1936	2,2959	0,1895	1,3529	0,0248	0,1303	0,0137	0,0827	0,0115	0,0881
2	0,2389	1,2596	0,1249	2,4208	0,1472	1,5001	0,0359	0,1662	0,0156	0,0983	0,0205	0,1086
2	0,2174	1,4770	0,1640	2,5848	0,1988	1,6989	0,0161	0,1823	0,0105	0,1088	0,0150	0,1236
2	0,0890	1,5660	0,1219	2,7067	0,1243	1,8232	0,0241	0,2064	0,0173	0,1261	0,0220	0,1456
2	0,0848	1,6508	0,1123	2,8190	0,1429	1,9661	0,0258	0,2322	0,0202	0,1463	0,0233	0,1689
2	0,0913	1,7421	0,1121	2,9311	0,2379	2,2040	0,0178	0,2500	0,0222	0,1685	0,0231	0,1920

Anlage II:

Verzeichnis der deutschen Rohrwerke.

A. Das deutsche Gußröhrensyndikat in Köln

ist mit folgenden Röhren-Gießereien vertreten:

1. Rud. Böcking & Co., Erben Stumm-Halberg & Rud. Böcking G. m. b. H., Halbergerhütte bei Brebach an der Saar.
2. Gelsenkirchener Bergwerks-Aktiengesellschaft, Gelsenkirchen.
3. Deutsch-Luxemburgische Bergwerks- und Hütten-Akt.-Ges., Mülheim a. d. Ruhr.
4. Eisengießerei P. Stühlen, Köln-Deutz.
5. Westdeutsches Eisenwerk, Aktiengesellschaft, Kray b. Essen a. d. Ruhr.
6. Hannoversche Eisengießerei Aktiengesellschaft, Anderten b. Hannover. *
7. Georgs-Marien-Bergwerks- und Hüttenverein, Akt.-Ges., Georgs-marienhütte.
8. Haniel & Lueg, Düsseldorf-Grafenberg.
9. Aktiengesellschaft Neusser Eisenwerk, Heerdt b. Düsseldorf. *
10. Buderussche Eisenwerke, Wetzlar.
11. Aktiengesellschaft Lauchhammer in Lauchhammer und Gröditz.
12. Donnersmarckhütte Aktiengesellschaft, Zabrze o. S.
13. Berliner Aktiengesellschaft f. Eisengießerei & Maschinen-fabrikation, Charlottenburg.
14. Königin Marienhütte Aktiengesellschaft, Cainsdorf.
15. Königliches Hüttenamt, Gleiwitz.
16. Eisenhüttenwerk Keula b. Muskau, Aktiengesellschaft, Keula.
17. Märkische Eisengießerei F. W. Friedeberg, G. m. b. H., Eberswalde.*
18. Wilhelmshütte Aktiengesellschaft, Eulau-Wilhelmshütte.
19. Eisenhüttenwerk Marienhütte b. Kotzenau, Akt.-Ges., Kotzenau.
20. Eisenhütten- und Emaillierwerk Tangerhütte, Franz Wagenführ, Tangerhütte. *

B. Schmiederohrwerke:

1. Aktiengesellschaft Ferrum, vorm. Rhein & Co., Zawodzie-Kattowitz.
2. Balcke, Tellering & Co., A.-G., Benrath-Düsseldorf.
3. Bismarckhütte in Bismarckhütte (Oberschlesien).

---

*) Die mit einem * bezeichneten Werke stellen zurzeit keine Muffendruckrohre mehr her.

4. Düsseldorfer Röhrenindustrie, Düsseldorf-Oberbilk.
5. Düsseldorfer Röhren- und Eisenwalzwerke vorm. Poensgen, Düsseldorf-Oberbilk. *)
6. Eisenwerk W. Fitzner, Laurahütte (Oberschlesien).
7. Gewerkschaft Deutscher Kaiser, Dinslaken.
8. Gewerkschaft Grillo, Funke & Co., Gelsenkirchen-Schalke.
9. Mannesmannröhren-Werke, Düsseldorf.
10. Maschinenfabrik Buckau, Magdeburg.
11. Oberschlesische Kesselwerke, B. Meyer und Huldschinsky-Werke, Gleiwitz.
12. J. P. Piedboeuf & Co., Eller-Düsseldorf.
13. Preß- und Walzwerk, Reisholz-Düsseldorf.
14. Thyssen & Co., Mülheim a. Ruhr.
15. Vereinigte Königs- und Laurahütte, Laurahütte.
16. Wittener Stahlröhrenwerke, Witten a. Ruhr.

*) Jetzt vereinigt mit Phönix, Akt.-Ges. für Bergbau- und Hüttenbetrieb.